21世纪高等学校计算机教育实用规划教材

计算机网络技术与应用实践

骆焦煌　许 宁　编著

清华大学出版社

北京

内 容 简 介

本书内容主要包括计算机网络基础知识、计算机网络通信基础、计算机网络体系结构与协议、网络互联设备、Internet 应用及其设置、局域网技术、网络安全与管理和网络服务器的安装与配置。本书层次清晰，概念简洁，图文并茂，每章附有实验任务，操作步骤详细，读者能通过任务操作领会和掌握理论知识，做到理论与实操同步。

本书可作为高等院校计算机专业、信息管理与信息系统、电子商务专业和通信类专业学生教材，也可作为读者自学计算机网络知识的入门指导书。

图书在版编目(CIP)数据

计算机网络技术与应用实践/骆焦煌，许宁编著. —北京：清华大学出版社，2017(2019.7重印)
(21世纪高等学校计算机教育实用规划教材)
ISBN 978-7-302-47724-2

Ⅰ．①计…　Ⅱ．①骆…②许…　Ⅲ．①计算机网络－高等学校－教材　Ⅳ．①TP393

中国版本图书馆 CIP 数据核字(2017)第 165958 号

责任编辑：刘向威　薛　阳
封面设计：常雪影
责任校对：徐俊伟
责任印制：刘海龙

出版发行：清华大学出版社
　　　　网　　　址：http://www.tup.com.cn，http://www.wqbook.com
　　　　地　　　址：北京清华大学学研大厦 A 座　　　　邮　　编：100084
　　　　社　总　机：010-62770175　　　　邮　　购：010-62786544
　　　　投稿与读者服务：010-62776969，c-service@tup.tsinghua.edu.cn
　　　　质量反馈：010-62772015，zhiliang@tup.tsinghua.edu.cn
　　　　课件下载：http://www.tup.com.cn，010-62795954
印　装　者：三河市君旺印务有限公司
经　　　销：全国新华书店
开　　　本：185mm×260mm　　印　　张：14.75　　　　字　　数：369 千字
版　　　次：2017 年 10 月第 1 版　　　　　　　　　印　　次：2019 年 7 月第 3 次印刷
印　　　数：3001~4000
定　　　价：35.00 元

产品编号：073291-01

出 版 说 明

　　随着我国高等教育规模的扩大以及产业结构调整的进一步完善,社会对高层次应用型人才的需求将更加迫切。各地高校紧密结合地方经济建设发展需要,科学运用市场调节机制,合理调整和配置教育资源,在改革和改造传统学科专业的基础上,加强工程型和应用型学科专业建设,积极设置主要面向地方支柱产业、高新技术产业、服务业的工程型和应用型学科专业,积极为地方经济建设输送各类应用型人才。各高校加大了使用信息科学等现代科学技术提升、改造传统学科专业的力度,从而实现传统学科专业向工程型和应用型学科专业的发展与转变。在发挥传统学科专业师资力量强、办学经验丰富、教学资源充裕等优势的同时,不断更新教学内容、改革课程体系,使工程型和应用型学科专业教育与经济建设相适应。计算机课程教学在从传统学科向工程型和应用型学科转变中起着至关重要的作用,工程型和应用型学科专业中的计算机课程设置、内容体系和教学手段及方法等也具有不同于传统学科的鲜明特点。

　　为了配合高校工程型和应用型学科专业的建设和发展,急需出版一批内容新、体系新、方法新、手段新的高水平计算机课程教材。目前,工程型和应用型学科专业计算机课程教材的建设工作仍滞后于教学改革的实践,如现有的计算机教材中有不少内容陈旧(依然用传统专业计算机教材代替工程型和应用型学科专业教材),重理论、轻实践,不能满足新的教学计划、课程设置的需要;一些课程的教材可供选择的品种太少;一些基础课的教材虽然品种较多,但低水平重复严重;有些教材内容庞杂,书越编越厚;专业课教材、教学辅助教材及教学参考书短缺,等等,都不利于学生能力的提高和素质的培养。为此,在教育部相关教学指导委员会专家的指导和建议下,清华大学出版社组织出版本系列教材,以满足工程型和应用型学科专业计算机课程教学的需要。本系列教材在规划过程中体现了如下一些基本原则和特点。

　　(1) 面向工程型与应用型学科专业,强调计算机在各专业中的应用。教材内容坚持基本理论适度,反映基本理论和原理的综合应用,强调实践和应用环节。

　　(2) 反映教学需要,促进教学发展。教材规划以新的工程型和应用型专业目录为依据。教材要适应多样化的教学需要,正确把握教学内容和课程体系的改革方向,在选择教材内容和编写体系时注意体现素质教育、创新能力与实践能力的培养,为学生知识、能力、素质协调发展创造条件。

　　(3) 实施精品战略,突出重点,保证质量。规划教材建设仍然把重点放在公共基础课和专业基础课的教材建设上;特别注意选择并安排一部分原来基础比较好的优秀教材或讲义修订再版,逐步形成精品教材;提倡并鼓励编写体现工程型和应用型专业教学内容和课程体系改革成果的教材。

（4）主张一纲多本，合理配套。基础课和专业基础课教材要配套，同一门课程可以有多本具有不同内容特点的教材。处理好教材统一性与多样化，基本教材与辅助教材，教学参考书，文字教材与软件教材的关系，实现教材系列资源配套。

（5）依靠专家，择优选用。在制订教材规划时要依靠各课程专家在调查研究本课程教材建设现状的基础上提出规划选题。在落实主编人选时，要引入竞争机制，通过申报、评审确定主编。书稿完成后要认真实行审稿程序，确保出书质量。

繁荣教材出版事业，提高教材质量的关键是教师。建立一支高水平的以老带新的教材编写队伍才能保证教材的编写质量和建设力度，希望有志于教材建设的教师能够加入到我们的编写队伍中来。

21 世纪高等学校计算机教育实用规划教材编委会

联系人：魏江江 weijj@tup. tsinghua. edu. cn

前　言

　　本书是为适应时代背景下的"应用技术型人才培养"而编写的,书中的内容主要以"理论突出,重在实践"为主线,以"理论与实践相渗透"为目标,注重理论知识的运用,着重培养学生的操作技能,以及应用理论知识分析和解决计算机网络实际问题的能力。教材内容力求叙述简练,概念清晰,通俗易懂,便于自学。对于实验任务,力求做到步骤清楚,结果正确,并附有课后习题以帮助读者巩固和掌握理论知识。本书是一种体系创新、深浅适度、重在应用、着重能力培养的应用型本科教材。

　　本书共8章,主要内容包括:计算机网络基础知识、计算机网络通信基础、计算机网络体系结构与协议、网络互联设备、Internet应用及其设置、局域网技术、网络安全与管理和网络服务器的安装与配置。

　　本书可作为高等院校计算机、信息管理与信息系统、电子商务和数字媒体专业的本科生教材,也可作为成人教育及自学考试教材,或作为读者自学计算机网络知识的参考书。为方便教学,本书配有教学大纲,电子课件、教案及课后习题答案。

　　本书由骆焦煌和许宁合著。由骆焦煌负责完成全书的修改及统稿工作。本书的出版得到2017年福建省本科高校重大教育教学改革研究项目的资助(课题编号:FBJG20170333)。

　　本书在编写过程中得到了闽南理工学院领导的指导与支持,以及信息管理学院院长曾健民教授、邱富杭老师的指导与帮助,在此表示衷心的感谢,同时在编写本书时参阅了大量的书籍,在此特向作者表示感谢。本书的出版还得到了清华大学出版社领导与编辑的支持与协助,在此一并表示诚挚的谢意。

　　由于编者水平有限,书中不当之处在所难免,欢迎广大同行和读者批评指正。

编　者

2017年4月

目　　录

第1章　计算机网络基础知识…………………………………………………………… 1

1.1　计算机网络的发展 …………………………………………………………………… 1

1.1.1　第1代——面向终端的计算机网络……………………………………………… 1

1.1.2　第2代——初级计算机网络……………………………………………………… 2

1.1.3　第3代——开放式的标准化计算机网络………………………………………… 3

1.1.4　第4代——新一代综合性、智能化、宽带高速计算机网络……………………… 3

1.2　计算机网络的定义 …………………………………………………………………… 3

1.2.1　自主性…………………………………………………………………………… 4

1.2.2　通信手段有机连接……………………………………………………………… 4

1.2.3　网络组建的目的………………………………………………………………… 4

1.3　计算机网络的功能 …………………………………………………………………… 4

1.3.1　资源共享………………………………………………………………………… 4

1.3.2　通信功能………………………………………………………………………… 5

1.3.3　提高系统的可靠性……………………………………………………………… 5

1.3.4　有利于均衡负荷………………………………………………………………… 5

1.3.5　提供灵活的工作环境…………………………………………………………… 6

1.3.6　分布式处理……………………………………………………………………… 6

1.3.7　计算机网络的应用……………………………………………………………… 6

1.4　计算机网络的组成 …………………………………………………………………… 7

1.4.1　网络硬件的组成………………………………………………………………… 7

1.4.2　网络软件的组成………………………………………………………………… 8

1.5　计算机网络的分类 …………………………………………………………………… 9

1.5.1　按覆盖范围分类………………………………………………………………… 9

1.5.2　按传播方式分类………………………………………………………………… 10

1.5.3　按传输介质分类………………………………………………………………… 10

1.5.4　按网络的交换功能分类………………………………………………………… 11

1.5.5　按网络的拓扑结构……………………………………………………………… 11

1.6　计算机网络的服务 …………………………………………………………………… 15

1.6.1　应用于企业……………………………………………………………………… 15

1.6.2　服务于公众……………………………………………………………………… 15

1.7 实验任务 ·· 16

　　1.7.1 任务1　认识计算机网络 ··· 16

　　1.7.2 任务2　对等网连接 ··· 18

　　1.7.3 任务3　局域网连接 ··· 21

习题 ··· 22

第2章　计算机网络通信基础 ··· 24

2.1 数据通信的基本概念 ··· 24

　　2.1.1 信息、数据与信号 ··· 24

　　2.1.2 数据通信系统 ··· 25

　　2.1.3 数据通信系统的主要参数 ··· 26

2.2 通信方式 ··· 28

　　2.2.1 模拟通信传输系统与数字通信传输系统 ······················· 28

　　2.2.2 并行传输与串行传输 ··· 29

　　2.2.3 异步传输与同步传输 ··· 31

2.3 数据调制与编码 ·· 33

　　2.3.1 数字数据的模拟调制 ··· 33

　　2.3.2 模拟数据的模拟调制 ··· 34

　　2.3.3 数字数据的数字编码 ··· 35

2.4 信道复用技术 ··· 36

　　2.4.1 频分多路复用 ··· 37

　　2.4.2 时分多路复用 ··· 37

　　2.4.3 波分多路复用 ··· 38

2.5 差错检测与控制 ·· 39

　　2.5.1 差错 ··· 39

　　2.5.2 差错检测方法 ··· 39

　　2.5.3 差错控制 ·· 42

2.6 实验任务　数据通信量测试 ··· 43

习题 ··· 46

第3章　计算机网络体系结构与协议 ··································· 48

3.1 计算机网络体系结构与协议概述 ··· 48

　　3.1.1 层次体系结构的工作原理 ·· 48

　　3.1.2 计算机网络体系结构的基本知识 ································· 49

3.2 OSI参考模型 ··· 52

　　3.2.1 OSI参考模型 ··· 52

　　3.2.2 物理层 ··· 56

　　3.2.3 数据链路层 ·· 57

　　3.2.4 网络层 ··· 59

3.2.5 传输层 ································· 60

3.2.6 会话层 ································· 61

3.2.7 表示层 ································· 62

3.2.8 应用层 ································· 62

3.3 TCP/IP 参考模型 ······························ 64

3.3.1 TCP/IP 参考模型概述 ····················· 64

3.3.2 TCP/IP 参考模型的层次与功能 ················· 64

3.3.3 OSI 与 TCP/IP 参考模型的比较 ················ 65

习题 ···································· 67

第 4 章 网络互联设备 ································ 69

4.1 网络接口卡 ································· 69

4.1.1 网卡的组成与连接 ······················ 69

4.1.2 网卡的基本功能 ······················· 70

4.1.3 网卡的分类 ························· 70

4.2 中继器 ··································· 73

4.2.1 中继器的工作原理 ······················ 73

4.2.2 中继器的优缺点 ······················· 73

4.3 集线器 ··································· 74

4.3.1 集线器的特点 ························ 74

4.3.2 集线器的分类 ························ 75

4.4 网桥 ···································· 76

4.4.1 网桥的工作原理 ······················· 76

4.4.2 网桥的优缺点 ························ 77

4.4.3 网桥的分类 ························· 77

4.5 交换机 ··································· 78

4.5.1 交换机的主要功能 ······················ 78

4.5.2 交换机的工作原理 ······················ 79

4.5.3 交换机的类型 ························ 81

4.5.4 交换机的连接方式 ······················ 82

4.5.5 交换机与集线器、网桥的区别 ················· 82

4.6 路由器 ··································· 83

4.6.1 路由器的主要功能 ······················ 83

4.6.2 路由器的工作原理 ······················ 84

4.6.3 路由器的类型 ························ 85

4.6.4 路由协议 ·························· 86

4.6.5 路由器与交换机的区别 ···················· 87

4.7 网关 ···································· 88

4.8 传输介质 ·································· 88

4.8.1　双绞线 ·· 89

4.8.2　双绞线的制作方法与应用 ·························· 90

4.8.3　同轴电缆 ·· 91

4.8.4　光纤 ·· 92

4.8.5　无线传输介质 ·· 93

4.9　实验任务 ··· 94

4.9.1　任务 1　直通线与交叉线制作 ···················· 94

4.9.2　任务 2　使用交换机组建局域网 ·················· 95

4.9.3　任务 3　无线路由器的安装与设置 ··············· 96

习题 ··· 100

第 5 章　Internet 应用及其设置 ································· 103

5.1　Internet 概述 ··· 103

5.1.1　Internet 的起源和发展 ······························ 103

5.1.2　Internet 的概念 ······································· 104

5.1.3　Internet 的特点 ······································· 104

5.1.4　Internet 的组成 ······································· 105

5.1.5　Intcrnct 的功能 ······································· 106

5.2　Internet 地址与域名 ·· 106

5.2.1　IP 地址 ··· 106

5.2.2　域名与域名服务 ······································· 112

5.3　Internet 的接入 ·· 114

5.3.1　Internet 与广域网 ···································· 114

5.3.2　ISP ·· 115

5.3.3　接入 Internet 的方式 ································· 116

5.4　Internet 的应用 ·· 116

5.4.1　万维网(WWW)应用 ································· 116

5.4.2　电子邮件 ··· 116

5.4.3　电子商务 ··· 117

5.4.4　FTP 文件传输 ··· 118

5.4.5　远程登录 ··· 118

5.4.6　在线学习 ··· 119

5.4.7　网络办公 ··· 119

5.5　常用网络命令 ·· 120

5.5.1　ping 命令 ·· 120

5.5.2　ARP 命令 ·· 120

5.5.3　tracert 命令 ··· 121

5.5.4　ipconfig 命令 ··· 122

5.6　实验任务 ··· 123

5.6.1　任务 1　创建拨号网络 ···························· 123

5.6.2　任务 2　Outlook Express 设置与使用 ············· 125

5.6.3　任务 3　网上求职 ······························· 129

5.6.4　任务 4　专线入网 ······························· 132

习题 ·· 132

第 6 章　局域网技术 ·· 134

6.1　局域网概述 ··· 134

6.2　局域网协议 ··· 134

6.3　高速以太网 ··· 135

6.4　交换式以太网 ··· 136

6.5　虚拟局域网 ··· 137

6.6　无线局域网 ··· 138

6.7　实验任务 ··· 139

6.7.1　任务 1　局域网设置 ····························· 139

6.7.2　任务 2　局域网通过 ADSL 接入 Internet ········· 151

6.7.3　任务 3　组建 AD-Hoc 模式无线局域网 ········· 156

6.7.4　任务 4　组建 Infrastructure 模式无线局域网 ····· 163

习题 ·· 168

第 7 章　网络安全与管理 ······································ 171

7.1　网络安全概述 ··· 171

7.1.1　网络安全的概念 ································· 171

7.1.2　网络中存在的安全威胁 ··························· 172

7.1.3　网络安全的特性 ································· 172

7.1.4　网络安全技术 ··································· 173

7.2　网络攻击 ··· 173

7.2.1　服务性攻击 ····································· 173

7.2.2　非服务性攻击 ··································· 174

7.3　计算机病毒 ··· 174

7.3.1　计算机病毒的特征 ······························· 174

7.3.2　计算机病毒的防治 ······························· 175

7.4　防火墙 ··· 175

7.4.1　防火墙的基本概念 ······························· 175

7.4.2　防火墙的系统结构 ······························· 176

7.5　网络管理 ··· 179

7.5.1　网络管理的概念 ································· 179

7.5.2　网络管理的功能 ································· 179

7.5.3　简单网络管理协议 ······························· 180

7.6 实验任务 ··· 181
   7.6.1 任务 1 Windows 防火墙的应用及简易设置 ··············· 181
   7.6.2 任务 2 天网防火墙配置 ····························· 183
   7.6.3 任务 3 网络监听 ································· 186
习题 ··· 193

第 8 章 网络服务器的安装与配置 ·································· 195

8.1 网络操作系统概述 ··· 195
8.2 Windows 网络操作系统 ······································ 195
8.3 UNIX 网络操作系统 ··· 196
8.4 Linux 网络操作系统 ··· 196
8.5 计算机网络应用模式 ··· 196
8.6 域名系统 ··· 197
8.7 WWW 服务 ··· 197
8.8 FTP 服务 ·· 197
8.9 电子邮件系统 ··· 198
8.10 远程登录服务 ·· 198
8.11 实验任务 ··· 198
   8.11.1 任务 1 安装 Windows Server 2003 ··················· 198
   8.11.2 任务 2 DHCP 服务器配置 ························· 210
   8.11.3 任务 3 DNS 服务器配置 ·························· 213
   8.11.4 任务 4 Web 服务器配置 ·························· 215
   8.11.5 任务 5 FTP 服务器配置 ·························· 217
习题 ··· 219

参考文献 ··· 221

第1章　计算机网络基础知识

本章学习目标

- 了解计算机网络的发展历程
- 熟练掌握计算机网络的定义及功能
- 了解计算机网络的组成与分类
- 了解计算机网络的服务
- 了解计算机网络的结构
- 掌握对等网的连接
- 掌握局域网的连接

1.1　计算机网络的发展

在过去的 300 多年中，每个世纪都有一种主流技术。18 世纪是伟大的机械时代，19 世纪是蒸汽机时代，而 20 世纪和 21 世纪则是信息时代、网络时代，是计算机网络大普及、大发展的时代。计算机网络出现的历史不长，但发展却很快，它经历了一个从简单到复杂的演变过程。一般将计算机网络的形成与发展进程分为以下 4 代。

1.1.1　第 1 代——面向终端的计算机网络

第 1 代计算机网络，在 20 世纪 50 年代中期至 20 世纪 60 年代末期，计算机技术与通信技术初步结合，形成了计算机网络的雏形。此时的计算机网络，是指以单台计算机为中心的远程联机系统。美国 IBM 公司在 1963 年投入使用的飞机订票系统 SABRE-1，就是这类系统的典型代表之一。此系统以一台中央计算机为网络的主体，将全美范围内的 2000 多个终端通过电话线连接到中央计算机上，实现并完成了订票业务，如图 1.1 所示。在单计算机的

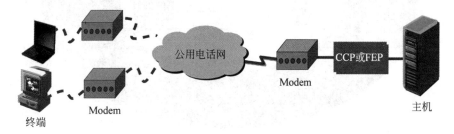

图 1.1　面向终端的计算机网络

联机网络中,已经涉及多种通信技术、多种数据传输与交换设备。从计算机技术看,这种系统中多个用户终端分时使用主机上的资源。此时的主机既要承担数据的通信工作,又要完成数据处理的任务。因此,主机负荷较重,效率不高。此外,由于每个分时终端都要独占一条通信线路,致使线路的利用率低,系统费用增加。

CCP或FEP(前端处理机)用来专门负责通信工作,实现数据处理与通信控制的分工,发挥了中心计算机的数据处理能力。

1.1.2 第2代——初级计算机网络

第2代计算机网络又称为计算机-计算机网络。在20世纪60年代末期至20世纪70年代中后期,在单主机联机网络互联的基础上,完成了计算机网络体系结构与协议的研究,形成了初级计算机网络。此时的计算机网络以交换机为通信子网的中心,并由若干个主机和终端构成了用户的资源子网,而且是以分组交换技术为基础理论的。世界上公认的第一个最成功的远程计算机网络是在1969年,由美国高级研究计划局(Advanced Research Project Agency,ARPA)组织和成功研制的ARPAnet。美国高级研究计划局在1969年建成了具有4个节点的实验网络,于1971年2月建成了具有15个节点、23台主机的网络并投入使用。ARPAnet是世界上最早出现的计算机网络之一,现代计算机网络的许多概念和方法都来源于它。目前,人们通常认为它就是网络的起源,同时也是Internet的起源。这时的ARPAnet首先将一个计算机网络划分为"通信子网"和"资源子网"两大部分,当今的计算机网络仍沿用这种组合方式,如图1.2所示。在计算机网络中,计算机通信子网完成全网的数据传输和转发等通信处理工作。计算机资源子网承担全网的数据处理业务,并向网络用户提供各种网络资源和网络服务。第1代和第2代计算机网络的主要区别是:前者以被各终端共享的单台计算机(资源所在地)为中心,而后者则以通信子网为中心,用户共享的资源子网在通信子网的外围。

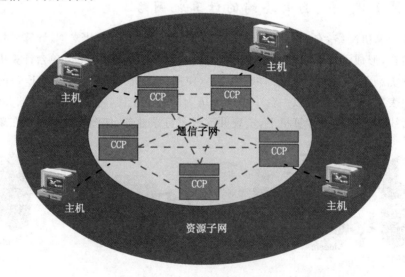

图1.2 初级计算机网络

1.1.3 第3代——开放式的标准化计算机网络

第3代计算机网络,在20世纪70年代初期至20世纪90年代中期,在解决了计算机联网和网络互联标准问题的基础上,提出了开放系统的互联参考模型与协议,促进了符合国际标准化的计算机网络技术的发展。因此,第3代计算机网络指的是"开放式的标准化计算机网络"。

这里的"开放式"是相对于那些只能符合独家网络厂商要求的各自封闭的系统而言的。在开放式网络中,所有的计算机和通信设备都遵循着人们共同认可的国际标准,从而可以保证不同厂商的网络产品可以在同一网络中顺利地进行通信。事实上,目前存在着两种占主导地位的网络体系结构,一种是ISO(国际标准化组织)的OSI(开放式系统互联)体系结构,另一种是TCP/IP(传输控制协议/网际协议)体系结构。

1.1.4 第4代——新一代综合性、智能化、宽带高速计算机网络

第4代计算机网络,在20世纪90年代中期至21世纪初期,计算机网络与Internet(即因特网)向着全面互联、高速和智能化发展,并得到了广泛的应用。此外,为保证网络的安全,防止网络中的信息被非法窃取,网络中要求更强大的安全保护措施。目前正在研究与发展着的计算机网络将由于Internet的进一步普及和发展,使网络面临的带宽(即网络传输速率和流量)限制问题更加突出,网上安全问题日益增加,多媒体信息(尤其是视频信息)传输的实用化和因特网上IP地址紧缺等困难逐步显现。因此,新一代计算机网络应满足高速、大容量、综合性、数字信息传递等多方位的需求。随着高速网络技术的发展,目前一般认为,第4代计算机网络是以千兆交换式以太网技术、ATM技术、帧中继技术、波分多路复用等技术为基础的宽带综合业务数字化网络为核心来建立的,其中的ATM技术已经成为21世纪通信子网中的关键技术。综上所述,各种相关的计算机网络技术和产业必将对21世纪的经济、政治、军事、教育和科技的发展产生更大的影响。

1.2 计算机网络的定义

计算机网络是计算机技术与通信技术相结合的产物,它的诞生使计算机的体系结构发生了巨大变化。在当今社会发展中,计算机网络起着非常重要的作用,并对人类社会的进步做出了巨大贡献。

现在,计算机网络的应用遍布全世界各个领域,并已成为人们社会生活中不可缺少的重要组成部分。从某种意义上讲,计算机网络的发展水平不仅反映了一个国家的计算机科学和通信技术的水平,也是衡量其国力及现代化程度的重要标志之一。

人们通常对"计算机网络"的简单定义是"以资源共享为目的而互联起来的自治计算机系统的集合"。较为详细的定义如下:

为了实现计算机之间的通信交往、资源共享和协同工作,利用各种通信设备和线路将地理位置分散、各自具备自主功能的一组计算机有机地联系起来,并且由功能完善的网络操作系统和通信协议进行管理的计算机复合系统就是计算机网络。

从这个定义可以看出,计算机网络涉及以下三个要点。

1.2.1 自主性

一个计算机网络可以包含多台具有自主功能的计算机。所谓自主是指这些计算机离开计算机网络之后,也能独立地工作和运行。通常,将这些自主计算机称为主机(Host),在网络中又称为节点。在网络中的共享资源,即硬件资源、软件资源和数据资源,一般都分布在这些计算机中。

1.2.2 通信手段有机连接

人们构成计算机网络时需要采用通信的手段,把有关的计算机(节点)"有机地"连接起来。所谓"有机地"连接是指连接时彼此必须遵循所规定的约定和规则。这些约定和规则就是通信协议。

1.2.3 网络组建的目的

建立计算机网络的主要目的是为了实现计算机分布资源的共享、信息的交流以及计算机之间的协同工作。一般将计算机资源共享作为网络组建的最基本目的。

1.3 计算机网络的功能

计算机网络具有丰富的资源和多种功能,其主要功能是共享资源和远程通信。

1.3.1 资源共享

共享网络资源是开发计算机网络的主要动机,网络资源包括硬件、软件和数据。硬件资源有处理机、存储器和输入输出设备等,是共享其他资源的基础。软件资源是指各种语言处理程序、服务程序和应用程序等。数据资源则包括各种数据文件和数据库中的数据等。在现代计算机网络中,共享数据资源处于越来越重要的地位。通过共享资源,可消除用户使用计算机资源受地理位置的限制,避免资源的重复设置所造成的浪费,大大提高资源的利用率和信息的处理能力,节省数据处理的费用。

1. 共享硬件资源

计算机网络的主要功能之一就是共享硬件资源。所谓共享硬件资源就是连在网络上的所有用户可以共享网络上各种不同类型的硬件设备,如巨型计算机或专用高性能计算机,大容量磁盘,高性能打印机,高精度绘图设备,以及通信线路和通信设备等。共享硬件资源的好处是显而易见的,网上一个低性能的计算机,可以通过网络使用各种不同类型的设备,既解决了部分资源贫乏的问题,同时也有效地利用了现有的资源,充分发挥了资源的潜能,提高了资源利用率。

2. 共享软件资源

在互联网上有极为丰富的软件资源,可以让大家共享。可共享的软件资源包括各种操作系统及其应用软件、工具软件、数据库管理软件和各种 Internet 信息服务软件,等等。共享软件允许多个用户同时调用服务器中的各种软件资源,并能保持数据的完整性和一致性。用户可以通过客户/服务器(C/S)或浏览/服务器(B/S)模式或其他多种形式,使用各种类型的网络应用软件,共享远程服务器上的软件资源。用户也可以通过一些网络应用程序(如 FTP)将共享软件下载到本地机使用,匿名 FTP 就是专门提供共享软件的信息服务之一。

3. 信息资源

信息也是一种资源,而且是一种更重要的资源。Internet 就是一个巨大的信息资源宝库,它像是一个信息的海洋,取之不尽,用之不竭。在 Internet 上的信息资源涉及各个领域,内容极为丰富。每个接入 Internet 的用户都可以共享这些信息资源。可以在任何时间,以任何形式去搜索、访问、浏览、获取网上的信息,共享网上的信息资源。可共享的信息涉及科学技术、社会文化、文艺体育、休闲娱乐、医疗卫生等方方面面的内容。通过 Internet 信息服务系统可以浏览 Web 服务器上的主页及各种链接;获取 FTP 服务器中的软件与文档;检索各种数据库中的数据信息;查询各种各样的电子图书、电子出版物、网上消息、网络新闻,阅读各种远程教学课件和培训资源等,凡是网上有的信息都可以共享。

1.3.2 通信功能

1. 信息交换功能

信息交换是计算机网络最基本的功能,主要完成计算机网络中各节点之间的系统通信。用户可以在网上收发电子邮件,发布新闻消息,进行电子购物、电子贸易、远程教育等。

2. 数据信息的快速传输、集中和综合处理

计算机网络是现代通信技术和计算机技术结合的产物,分布在不同地区的计算机系统可以及时、高速地传递各种信息。随着多计算机网络的发展,这些信息不仅包括数据和文字,还可以是声音、图像和动画等。通过计算机网络将分散在各地的计算机中的数据信息适时集中和分级管理,并经过综合处理后生成各种报表,提供给管理者和决策者分析和参考。例如,政府部门的计划统计系统,银行、财政及各种金融系统,数据的收集和处理系统,地震资料收集与处理系统,地质资料采集与处理系统,人口普查信息管理系统等。

1.3.3 提高系统的可靠性

单个计算机或系统难免出现暂时故障,如没有备用机,将致使系统瘫痪,影响工作或学习。计算机联成网络之后,当计算机网络中的某一处理机发生故障时,可由别的路径传送信息或转到别的系统中代为处理,以保证该用户的正常操作不会因局部故障而导致系统瘫痪。当某一个数据库中的数据因处理机发生故障而遭到破坏时,可以使用另一台计算机的备份数据库进行处理,并恢复被破坏的数据库,从而提高系统的可靠性。

1.3.4 有利于均衡负荷

计算机网络具有均衡负载的功能,当网络中某一计算机的负担过重时,通过合理的网络管理,可将新的作业转给其中空闲的计算机去处理,从而减少用户等待的时间,均衡各计算机的负担。由多台计算机共同完成,起到均衡负荷的作用,以减少延迟,提高效率,充分发挥网络系统上各主机的作用。对于地域跨度大的远程网络来说,可以充分利用时差因素来达到均衡负荷。

1.3.5 提供灵活的工作环境

用户通过网络把终端连接到办公室的计算机上,就可以在家里工作。经营人员更可以携带着便携式计算机外出进行商务活动,在各经营点利用电话与他们自己的网络相连,甚至可以利用移动通信在任意时刻、任意地点联网,从而能够与主管部门及时交换销售、管理等方面的重要数据,确定商务对策。高层管理人员则可以通过网络及时得到公司各个方面的信息,为决策提供了可靠的依据。

1.3.6 分布式处理

在网络环境中,可以构建分布式多机处理系统,以提高系统的处理能力,高效地完成一些大型应用系统的程序计算及大型数据库的访问等,使计算机网络除了可以共享文件、数据和设备外,还能共享计算能力和处理能力,如分布式计算系统、分布式数据库管理系统,等等。许多科学领域都离不开计算,而且有一些科学计算的题目非常大,致使一台计算机难以完成。这时,可以通过计算机网络,在网络操作系统或应用软件的统一管理与调度下,让多台计算机协同工作。

1.3.7 计算机网络的应用

计算机网络技术的发展给传统的信息处理工作带来了革命性的变化,同时也给传统的管理带来了很大的冲击。目前,计算机网络的应用主要体现在以下几个方面。

1. 数字通信

数字通信是现代社会通信的主流,包括网络电话、可视图文系统、视频会议系统和电子邮件服务。

2. 分布式计算

分布式计算包括两个方面:一是将若干台计算机通过网络连接起来,将一个程序分散到各计算机上同时运行,然后把每一台计算机计算的结果搜集汇总,整体得出结果;二种是通过计算机将需要大量计算的题目送到网络上的大型计算机中进行计算并返回结果。

3. 信息查询

信息查询是计算机网络提供资源共享的最好工具,通过"搜索引擎",用少量的"关键词"来概括归纳出这些信息内容,很快地把用户感兴趣的内容所在的网络地址一一罗列出来。

4. 远程教育

远程教育是利用 Internet 技术开发的现代在线服务系统。它充分发挥网络可以跨越空间和时间的特点,在网络平台上向学生提供各种与教育相关的信息,做到"任何人,在任何时间、任何地点,可以学习任何课程"。

5. 虚拟现实

虚拟现实是计算机软硬件技术、传感技术、机器人技术、人工智能及心理学等高速发展的结晶。虚拟现实与传统的仿真技术都是对现实世界的模拟,即两者都是基于模型的活动,而且都力图通过计算机及各类装置达到现实世界尽可能精确的再现。随着计算机科学技术的飞速发展,虚拟现实技术与仿真技术必将在 21 世纪异彩纷呈,绚丽夺目。

6. 电子商务

广义的电子商务包括各行各业的电子业务、电子政务、电子医务、电子军务、电子教务、电子公务和电子家务等；狭义的电子商务指人们利用电子化网络化手段进行的商务活动。

7. 办公自动化

办公自动化能实现办公活动的科学化、自动化，最大限度地提高工作质量、工作效率和改善工作环境。

8. 企业管理与决策

随着计算机网络的广泛应用，各类企业采用管理科学与信息技术相结合的方式，开发企业管理和决策信息系统，为企业管理和决策提供支持服务。目前，正在朝着开发"智能化"的决策支持系统迅速发展。

1.4 计算机网络的组成

一个完整的计算机网络系统是由网络硬件和网络软件所组成的。网络硬件是计算机网络系统的物理实现，网络软件是网络系统中的技术支持。两者相互作用，共同完成网络功能。

1.4.1 网络硬件的组成

计算机网络硬件系统是由计算机（主机、客户机、终端）、通信处理机（集线器、交换机、路由器）、通信线路（同轴电缆、双绞线、光纤）、信息变换设备（Modem，编码解码器）等构成的，如图 1.3 所示。

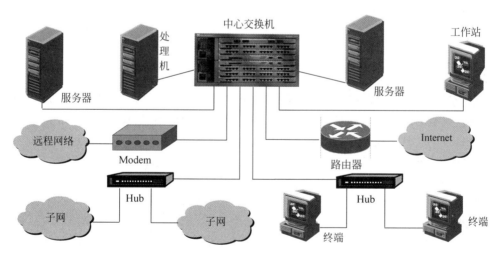

图 1.3　网络硬件组成

1. 主计算机

在一般的局域网中，主机通常被称为服务器，是为客户提供各种服务的计算机，因此对其有一定的技术指标要求，特别是对主、辅存储容量及其处理速度要求较高。根据服务器在网络中所提供的服务不同，可将其划分为文件服务器、打印服务器、通信服务器等。

2. 网络工作站

除服务器外,网络上的其余计算机主要是通过执行应用程序来完成工作任务的,我们把这种计算机称为网络工作站或网络客户机。它是网络数据主要的发生场所和使用场所,用户主要是通过使用工作站来利用网络资源并完成自己作业的。

3. 终端

终端是用户访问网络的界面,可以通过主机联入网内,也可以通过通信控制处理机联入网内。

4. 通信处理机

通信处理机一方面作为资源子网的主机、终端连接的接口,将主机和终端联入网内;另一方面又作为通信子网中分组存储转发节点,完成分组的接收、校验、存储和转发等功能。

5. 通信线路

通信线路(链路)是为通信处理机与通信处理机、通信处理机与主机之间提供通信信道的。

6. 信息变换设备

信息变换设备主要用于对信号进行变换,包括调制解调器、无线通信接收和发送器、用于光纤通信的编码解码器等。

1.4.2 网络软件的组成

在计算机网络系统中,除了各种网络硬件设备外,还必须具有网络软件。

1. 网络操作系统

网络操作系统是网络软件中最主要的软件,用于实现不同主机之间的用户通信,以及全网硬件和软件资源的共享,并向用户提供统一的方便的网络接口,便于用户使用网络。目前网络操作系统有三大阵营:UNIX、NetWare 和 Windows。目前,我国使用最广泛的是Windows 网络操作系统。

2. 网络协议软件

网络协议是网络通信的数据传输规范,网络协议软件是用于实现网络协议功能的软件。目前,典型的网络协议软件有 TCP/IP 协议、IPX/SPX 协议、IEEE 802 标准协议系列等。其中,TCP/IP 协议是当前异种网络互联应用最为广泛的网络协议软件。

3. 网络管理软件

网络管理软件是用来对网络资源进行管理以及对网络进行维护的软件,如性能管理、配置管理、故障管理、记费管理、安全管理、网络运行状态监视与统计等。

4. 网络通信软件

网络通信软件是用于实现网络中各种设备之间进行通信的软件,使用户能够在不必详细了解通信控制规程的情况下,控制应用程序与多个站进行通信,并对大量的通信数据进行加工和管理。

5. 网络应用软件

网络应用软件是为网络用户提供服务的,最重要的特征是它研究的重点不是网络中各个独立的计算机本身的功能,而是如何实现用户访问网络的手段和服务以及资源共享和信息传递。

1.5 计算机网络的分类

由于计算机网络自身的特点,其分类方法有多种。根据不同的分类原则,可以将计算机网络分成不同的类型。

1.5.1 按覆盖范围分类

根据网络连接的地理范围,可将计算机网络分成局域网、城域网、广域网三种类型。

1. 局域网

局域网(Local Area Network,LAN)是将较小地理区域内的各种数据通信设备连在一起的通信网络。也就是在一个较小区域范围内,将分散的计算机系统或数据终端互连起来为实现资源共享而构成的网络。局域网覆盖的地理范围,一般在几十米到几十千米。它常用于组建一个办公室、一栋楼、一个楼群或一个校园、一个企业的计算机网络,如图 1.4 所示。

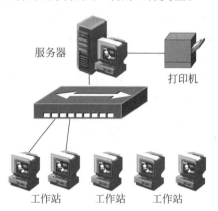

图 1.4 局域网结构

2. 城域网

城域网(Metropolitan Area Network,MAN)也称为都市网,它的覆盖范围一般是一个城市,距离约 50km。城域网是在局域网的不断普及、网络用户增加、应用领域拓展等情况下兴起的。局部地区的单个局域网已经满足不了用户的应用需求,需要城域网这种类型的网络,将多个局域网互联以覆盖更大的地理范围,要求有更高的数据传输速率,如图 1.5 所示。

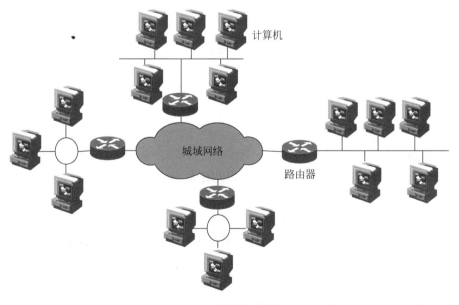

图 1.5 城域网结构

计算机网络基础知识

3. 广域网

广域网(Wide Area Network,WAN)也称远程网。计算机广域网一般是指将分布在不同国家、地域甚至全球范围内的各种局域网、计算机、终端等互联而成的大型计算机通信网络。WAN 的特点是采用的协议和网络结构多样化,速率较低,延迟较大,通信子网通常归电信部门所有,而资源子网归大型单位所有。广域网覆盖的地理范围可以从几十千米直到成百上千甚至上万千米,因此可跨越城市、地区、国家甚至洲。WAN 往往是以连接不同地域的大型主机系统或局域网为目的。例如,国家级信息网络、海关总署或 IBM、惠普等大型跨国公司都拥有自己的广域网。其中,网络之间的连接大多采用租用电信部门的专线。所谓专线是指某条线路专门用于某一用户,其他的用户不准使用的通信线路。

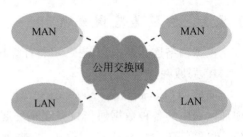

图 1.6 广域网结构

1.5.2 按传播方式分类

如果按照传播方式不同,可将计算机网络分为"广播式网络"和"点-点式网络"两大类。

1. 广播式网络

广播式网络是指网络中的计算机或者设备使用一个共享的通信介质进行数据传播,网络中的所有节点都能收到任一节点发出的数据信息。

目前,在广播式网络中的传输方式有以下三种。

(1)单播:采用一对一的发送形式将数据发送给网络所有目的节点。

(2)组播:采用一对一组的发送形式,将数据发送给网络中的某一组主机。

(3)广播:采用一对所有的发送形式,将数据发送给网络中所有目的节点。

2. 点-点式网络

点-点式网络(Point-to-Point Network)是指两个节点之间的通信方式是点对点的。如果两台计算机之间没有直接连接的线路,那么它们之间的分组传输就要通过中间节点进行接收、存储、转发,直至目的节点。

点-点传播方式主要应用于 WAN 中,通常采用的拓扑结构有星状、环状、树状、网状。

1.5.3 按传输介质分类

1. 有线网

(1)双绞线:其特点是比较经济,安装方便,传输率和抗干扰能力一般,广泛应用于局域网中。

(2)同轴电缆:俗称细缆,现已逐渐被淘汰。

(3)光纤电缆:特点是光纤传输距离长,传输效率高,抗干扰性强,是高安全性网络的理想选择。

2. 无线网

(1)无线电话网:是一种很有发展前途的联网方式。

(2)语音广播网:价格低廉,使用方便,但安全性差。

（3）无线电视网：普及率高，但无法在一个频道上和用户进行实时交互。

（4）微波通信网：通信保密性和安全性较好。

（5）卫星通信网：能进行远距离通信，但价格昂贵。

1.5.4　按网络的交换功能分类

1. 电路交换网

在通信期间始终使用该路径，并且不允许其他用户使用，通信结束后断开所建立的路径。

2. 报文交换网

报文交换网采用存储转发方式，当源主机和目标主机通信时，网络中的中继节点（交换器）总是先将源主机发来的一份完整的报文存储在交换器的缓冲区中，并对报文做适当的处理，然后再根据报头中的目的地址，选择一条相应的输出链路。若该链路空闲，便将报文转发至下一个中继节点或目的主机；若输出链路忙，则将装有输出信息的缓冲区排在输出队列的末尾等候。

3. 分组交换网

与报文交换网一样，分组交换网采用存储转发方式，但它不是以不定长的报文作为传输的基本单位，而是先将一份长的报文划分成若干定长的报文分组，以报文分组作为传输的基本单位。

4. 混合交换网

混合交换网是在一个数据网中同时采用电路交换和报文分组交换的网络。

1.5.5　按网络的拓扑结构

在计算机网络中，抛开网络中的具体设备，把服务器、工作站等网络单元抽象为"点"，把网络中的电缆、双绞线等传输介质抽象为"线"。

计算机网络的拓扑结构就是指计算机网络中的通信线路和节点相互连接的几何排列方法和模式。拓扑结构影响着整个网络的设计、功能、可靠性和通信费用等许多方面，是决定局域网性能优劣的重要因素之一。常用的网络拓扑结构有总线型、星状、环状、树状、网状和混合型。

1. 总线型拓扑结构

总线型拓扑结构的局域网中，各节点都通过相应的网卡直接连接到一条公共传输介质（总线）上。例如连接到同轴电缆上，如图 1.7 所示。所有的节点都通过总线发送或接收数据。当一个节点向总线"广播"发送数据时，其他节点以"收听"的方式接收数据。这种网中所有节点通过总线交换数据的方式是一种"共享传输介质"方式。

很显然，由于多个节点共享总线，同一时刻可能有多个节点向总线发送数据而引起"冲突"，造成传输失败。因此必须解决诸如节点何时可以发送数据、如何发现总线上出现冲突、出现冲突引起错误如何处理等问题。解决这些问题的方法称为介质访问控制方法，例如总线型以太网中采用载波监听多路访问/冲突检测（CSMA/CD）技术。总线型拓扑结构具有结构简单、实现容易、易于扩展、可靠性高的优点，但数据传输效率较低，尤其在重负载的情况下。

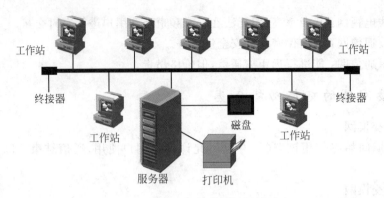

图 1.7　总线型拓扑结构的局域网

　　总线型拓扑结构采用一条单根的通信线路(总线)作为公共的传输通道,所有的节点都通过相应的接口直接连接到总线上,并通过总线进行数据传输。对总线结构而言,其通信网络中只有传输媒体,没有交换机等网络设备,所有网络站点都通过介质连接部件直接与传输媒体相连,如图 1.8 所示。

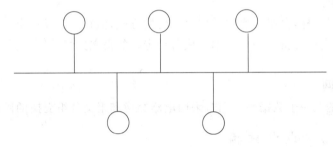

图 1.8　总线型拓扑结构

　　采用总线型结构的网络使用广播式传输技术,总线上的所有节点都可以发送数据到总线上,数据沿总线传播。但是,由于所有节点共享同一条公共通道,所以在任何时候只允许一个节点发送数据。当一个节点发送数据并在总线上传播时,数据可以被总线上的其他所有节点接收。各节点在接收数据后,分析目的物理地址再决定是接收还是丢弃该数据。粗、细同轴电缆以太网就是这种结构的典型代表。

　　总线型拓扑结构的主要特点如下。

　　(1) 结构简单,易于扩展。

　　(2) 共享能力强,便于广播式传输。

　　(3) 网络响应速度快;但负荷重时则性能迅速下降。

　　(4) 易于安装,费用低。

　　(5) 网络效率和带宽利用率低。

　　(6) 采用分布控制方式,各节点通过总线直接通信。

　　(7) 各工作节点平等,都有权争用总线,不受某节点仲裁。

2. 星状拓扑结构

　　星状拓扑结构有被定义的拓扑中心节点,每个节点通过点-点线路与中心节点连接,任意两节点之间的通信都要通过中心节点转接。典型的星状拓扑结构如图 1.9 所示。在星状拓扑结构中,每个节点都由一条点到点链路与公共中心节点相连,任意两个节点之间的通信都必须通过中心节点,并且只能通过中心节点进行通信,如图 1.10 所示。公共中心节点通过存储转发技术实现两个节点之间的数据帧的传送。公用中心节点的设备可以是中继器,也可以是交换机。目前,在局域网系统中均采用星状拓扑结构,几乎取代了总线型结构。

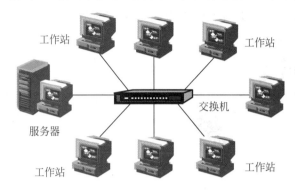

图 1.9　星状拓扑结构的局域网

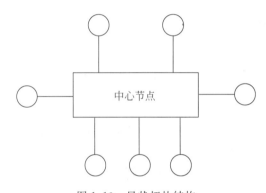

图 1.10　星状拓扑结构

星状拓扑结构的主要特点如下。

(1) 简单,便于管理和维护。

(2) 易实现结构化布线。

(3) 易扩展,易升级。

(4) 通信线路专用,电缆成本高。

(5) 星状结构的网络由中心节点控制与管理,中心节点的可靠性基本上决定了整个网络的可靠性,中心节点一旦出现故障,会导致全网瘫痪。

(6) 中心节点负担重,易成为信息传输的瓶颈。

3. 环状拓扑结构

环状拓扑结构的局域网中,所有节点通过网卡连接到一个首尾相连构成的闭合环路上。环中数据沿着一个方向绕环逐站传输。由于所有节点共享一条环状通路,它也是一种"共享传输介质"方式,如图 1.11 所示。

在环状拓扑结构中,各个网络节点通过环节点连在一条首尾相接的闭合环状通信线路中。环节点通过点到点链路连接成一个封闭的环,每个环节点都有两条链路与其他环节点相连,如图 1.12 所示。环状拓扑结构有两种类型:单环结构和双环结构。令牌环(TokenRing)网采用单环结构,而光纤分布式数据接口(FDDI)是双环结构的典型代表。同总线型拓扑结构一样,环状拓扑结构也要采用一种介质访问控制方法,以解决节点何时可以传送数据而避免冲突的问题,如 IBM TokenRing 环状局域网采用令牌帧控制技术。环状拓扑结构适用于重负载环境,支持优先级服务,但环路维护较复杂。

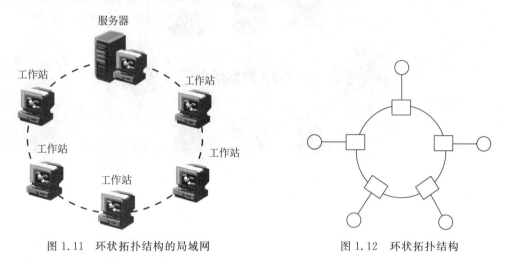

图 1.11　环状拓扑结构的局域网　　　　　　　图 1.12　环状拓扑结构

环状拓扑结构的主要特点如下。

(1) 各工作站间无主从关系,结构简单。

(2) 信息流在网络中沿环单向传递,延迟固定,实时性较好。

(3) 两个节点之间仅有唯一的路径,简化了路径选择。

(4) 可靠性差,任何线路或节点的故障,都有可能引起全网故障,且故障检测困难。

(5) 可扩充性差。

4. 树状拓扑结构

树状拓扑结构是从总线型和星状拓扑结构演变而来的。它有两种类型,一种是由总线型拓扑结构派生出来的,由多条总线连接而成,传输媒体不构成闭合环路而是分支电缆;另一种是星状拓扑结构的扩展,各节点按一定的层次连接起来,信息交换主要在上、下节点之间进行。在树状拓扑结构中,顶端有一个根节点,带有分支,每个分支还可以有子分支,其几何形状像一棵倒置的树,故得名树状拓扑结构,如图 1.13 所示。

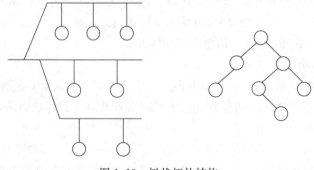

图 1.13　树状拓扑结构

树状拓扑结构的主要特点如下。

（1）天然的分级结构，各节点按一定的层次连接。

（2）易于扩展。

（3）易进行故障隔离，可靠性高。

（4）对根节点的依赖性大，一旦根节点出现故障，将导致全网瘫痪。

（5）电缆成本高。

5. 网状拓扑结构

网状拓扑结构又称完整型结构。在网状拓扑结构中，网络节点与通信线路互连成不规则的形状，节点之间没有固定的连接形式。一般每个节点至少与其他两个节点相连，也就是说每个节点至少有两条链路连到其他节点，如图 1.14 所示。这种结构的最大优点是可靠性高，最大的问题是管理复杂。因此，一般在大型网络中采用这种结构。有时，园区网的主干网也会采用节点较少的网状拓扑结构。

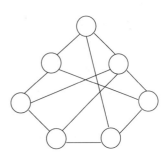

图 1.14　网状拓扑结构

网状拓扑结构的主要特点如下。

（1）每个节点都有冗余链路，可靠性高。

（2）可选择最佳路径，减少时延，改善流量分配，提高网络性能。

（3）管理复杂，需要解决路径选择、拓扑优化、流量控制等问题。

（4）线路成本高。

（5）适用于大型广域网。

6. 混合型拓扑结构

混合型拓扑结构是由以上几种拓扑结构混合而成的，如环星状结构，是令牌环网和 FDDI 网常用的结构，还有总线型和星状的混合结构，等等。其网络又称网状网，网络中的任何一个节点都至少与其他两个节点相连，分布式网络的可靠性最高。

1.6　计算机网络的服务

1.6.1　应用于企业

许多机构都有一定数量的计算机在运行。如果把这些独立的计算机连接起来，可以使网络上的用户，无论处在什么地方，也不管资源的物理位置在哪里，都能像使用本地资源一样，使用网络中的设备、程序和数据，完全摆脱地理位置的束缚。除了资源共享和高可靠性外，企业应用计算机网络的另一个目的就是节约经费。微机网络比大型计算机有更高的性能价格比。比个人计算机快十至数十倍的大型计算机，其价格却千倍于个人计算机。因此，许多系统设计者用多台功能强大的个人计算机组建网络系统。企业利用计算机网络实现办公自动化，建立管理信息系统，为分布在各地的员工提供强大的通信手段，提高企业效益。

1.6.2　服务于公众

进入 20 世纪 90 年代后，计算机网络开始为个人用户提供服务。特别是随着 Internet

的迅猛发展,计算机网络正在逐渐改变着人们的生活和工作方式,将使人们突破物质条件的束缚和时空的限制,有助于人们获得更多、更公平的教育、医疗、就业和施展才能的机会。对于个人用户来说,最为激动人心的服务有以下几个。

1. 访问远程信息

访问远程信息有多种形式。例如,访问分布在世界各地的各种信息系统,当今世界范围内广泛使用的万维网(World Wide Web,WWW)包含有关政府、商业、文化、艺术、科学、教育、娱乐、体育、旅游等方面的信息。人们可以从网上阅读世界各地的报纸,进入各大学的图书馆,进行网上购物等。通过网络,几乎可以获得所需要的任何信息。

2. 个人间通信

电子邮件使得相距遥远或地处边远的人们之间的通信变得非常快捷,而且非常廉价,还可以将声音和图像与文本一起传送。与普通的邮政通信不一样,使用电子邮件并不随双方距离的增长以及跨越不同国家或地区而增加费用的支出。实时电子邮件可以使远程用户无延迟地通信,可以互相看到或听到对方,可以用于召开视频会议。

3. 交互式娱乐

计算机网络应用于娱乐是一个巨大的极具发展潜力的服务,最吸引人的应用应该是视频点播(Video On Demand,VOD)和网上游戏。视频点播技术使人们能够选择电影或电视节目,不论是哪个国家的作品,都可以立即在屏幕上播放。新电影可能会是交互式的,观众可以在某一时刻选择故事的发展方向。

1.7 实 验 任 务

1.7.1 任务 1 认识计算机网络

1. 观察计算机网络的组成

以某大学的校园网为例,对其进行观察了解,并画出如图 1.15 所示的拓扑结构图。

(1)描述组网中的计算机数量及配置、使用操作系统、网络拓扑结构及完成时间等数据。

(2)描述网络中所使用的各种设备及名称、用途和连接方法。

2. 查看网络中计算机的"名称"参数及工作组中的计算机和访问情况

操作步骤如下。

(1)在 Windows 系统的桌面上右击"我的电脑"图标,在弹出的快捷菜单中单击"属性"选项,出现"系统属性"对话框,在此对话框中,单击"计算机名"标签,如图 1.16 所示。

(2)单击"更改"按钮,出现"计算机名称更改"对话框,如图 1.17 所示,可以对计算机名称和工作组进行更改。

(3)在桌面上双击"网上邻居",出现"网上邻居"对话框,在此对话框的"网络任务栏"中单击"查看工作组计算机",列出同个工作组中的所有计算机。

(4)使用任意一台计算机,访问同个工作组或不同工作组中的计算机,验证是否可以进行访问、建立文件夹、复制文件、删除文件和写入文件等。

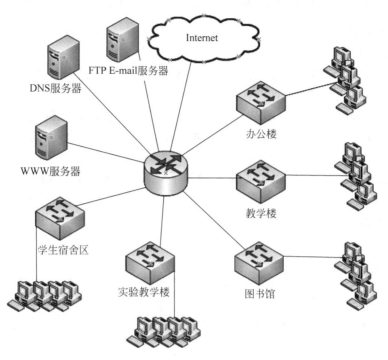

图 1.15　某大学图书馆的网络拓扑结构

图 1.16　"系统属性"对话框

图 1.17　"计算机名称更改"对话框

1.7.2 任务2 对等网连接

操作步骤如下。

1. 添加网卡

（1）打开主机箱，像安装其他硬件卡一样，将网卡插入主板的 PCI 或 PCI-E 插槽中，并用螺丝紧固。如果主板是集成网卡，可免去其步骤。

（2）安装网卡驱动程序，目前 Windows 操作系统都支持即插即用功能，在 Windows 系统的硬件列表中有网卡驱动程序，在开机启动时 Windows 系统会自动检测该网卡并加载其驱动程序。

（3）如果系统没有该网卡的驱动程序，则可手动对网卡安装驱动程序（使用厂家提供的驱动盘或从网上下载）。

2. 双机互连

（1）将交叉线两端分别插入两台计算机网卡上的 RJ-45 接口，观察其网卡的 Link/Act 指示灯，亮起表示已连接上。

（2）在桌面上右击"网上邻居"，在弹出的快捷菜单中选择"属性"命令，打开"网络连接"对话框。

（3）右击"本地连接"，在弹出的快捷菜单中选择"属性"命令，打开"本地连接 属性"对话框，如图 1.18 所示。

（4）在"本地连接 属性"对话框中的"此连接使用下列项目"栏中选中"Internet 协议（TCP/IP）"复选框，单击"属性"按钮，打开"Internet 协议（TCP/IP）属性"对话框，如图 1.19 所示。

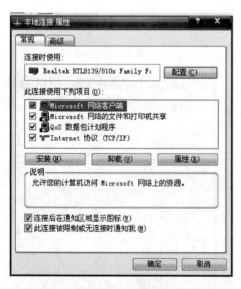

图 1.18 "本地连接 属性"对话框

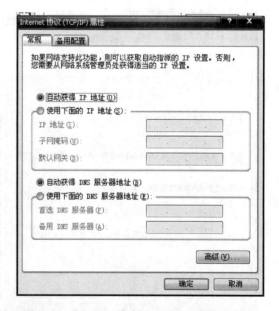

图 1.19 "Internet 协议（TCP/IP）属性"对话框

（5）在"常规"选项卡中，选择"使用下面的 IP 地址"，输入 IP 地址为 192.168.2.1，子网掩码为 255.255.255.0，如图 1.20 所示。单击"确定"按钮，返回"本地连接 属性"对话框，选中"连接后在通知区域显示图标"复选框后,单击"关闭"按钮。此时,在任务栏右下角会出现本地连接的图标。

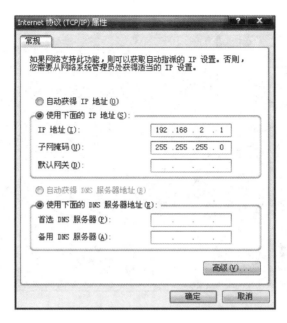

图 1.20　输入 IP 地址

(6) 用相同的方法,设置另一台计算机的 IP 地址为 192.168.2.2,子网掩码为 255.255.255.0。

(7) 选择"开始"|"运行"命令,打开"运行"命令对话框,在文本框中输入"cmd"命令,进入命令行状态窗口,如图 1.21 所示。

图 1.21　命令行窗口

计算机网络基础知识

（8）输入"ping 127.0.0.1"命令，进行回送测试，如图 1.22 所示，表示网卡与驱动程序工作正常。

图 1.22　回送测试

（9）输入"ping 192.168.2.1"命令，测试本机 IP 地址是否与其他主机冲突。

（10）在 IP 地址为 192.168.2.2 的计算机上，运行 cmd 命令，输入"ping 192.168.2.1"命令，测试与另一台计算机的连接情况，如图 1.23 所示，表示与另一台计算机正常连接。同理，在 IP 地址为 192.168.2.1 的计算机上，运行 cmd 命令，输入"ping 192.168.2.2"命令，进行测试。

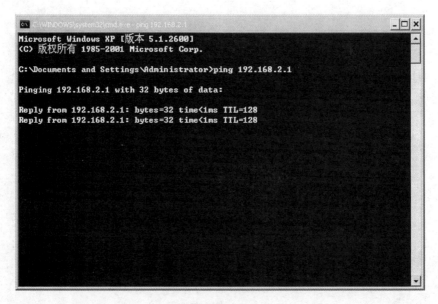

图 1.23　ping 命令

1.7.3 任务 3 局域网连接

操作步骤如下。

(1) 用 TIA/EIA 568A 或 TIA/EIA 568B 的线序,制作 4 条直通网线。

(2) 在交换机和计算机的电源处于关闭状态下,将 4 台计算机和交换机用直通网线按如图 1.24 所示方式连接起来。

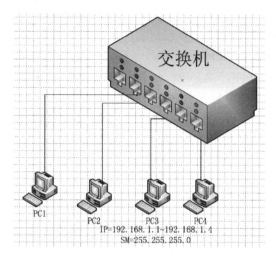

图 1.24 交换机组网

(3) 打开交换机电源,启动计算机,将 4 台计算机的 TCP/IP 分别设置为 192.168.1.1、192.168.1.2、192.168.1.3 和 192.168.1.4,子网掩码都是 255.255.255.0,从而形成一个局域网。

(4) 分别在 4 台计算机上运行 ping"目标 IP 地址"命令,可以查看网络是否连通。

(5) 如在 PC2 计算机桌面上单击"开始"|"运行",打开"运行"对话框,输入"ping 192.168.1.1 -t",如图 1.25 所示,表明 PC2 已连接上 PC1 计算机。

(6) 用相同的方法,将 PC1、PC3、PC4 按步骤(5)进行验证测试。

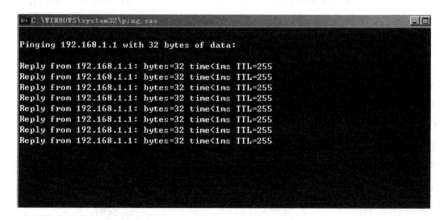

图 1.25 ping 192.168.1.1 命令

习　题

一、单项选择题

1. 计算机网络能够提供共享的资源有_____。
    A. 硬件资源和软件资源　　　　　　　B. 软件资源和信息
    C. 信息　　　　　　　　　　　　　　D. 硬件资源、软件资源和信息

2. 常用的网络拓扑结构有_____。
    A. 总线型、星状、环状和网状　　　　B. 总线型、环状和网状
    C. 星状和网状　　　　　　　　　　　D. 环状和网状

3. 计算机网络拓扑结构中包含中心节点的是_____。
    A. 总线型　　　　　B. 星状　　　　　C. 环状　　　　　D. 网状

4. 按照网络规模大小定义计算机网络,其中规模最小的是_____。
    A. Internet　　　　B. 广域网　　　　C. 城域网　　　　D. 局域网

5. 广域网的英文缩写是_____。
    A. WAN　　　　　B. LAN　　　　　C. MAN　　　　　D. CAN

6. IP 电话的话音是通过_____来传送的。
    A. Internet　　　　B. 模拟电话网　　　C. 无线网　　　　D. 有线网

7. 从资源共享观点出发,认为一台带有多个远程终端或远程打印机的计算机系统不是一个计算机网络,原因是_____。
    A. 远程终端或远程打印机没有可共享的资源
    B. 远程终端或远程打印机不是"自治"的计算机系统
    C. 计算机系统无法控制多个远程终端或远程打印机
    D. 远程终端或远程打印机无法和计算机系统连接

8. 在广播式网络中,一个节点广播信息,其他节点都可以接收到信息,原因是_____。
    A. 多个节点共享一个通信信道　　　　B. 多个节点共享多个通信信道
    C. 多个节点对应多个通信信道　　　　D. 一个节点对应一个通信信道

9. 在点-点式网络中,如果两个节点之间没有直接连接的线路,那么它们_____。
    A. 不能通过中间节点转接　　　　　　B. 将无法通信
    C. 只能进行广播式通信　　　　　　　D. 可以通过中间节点转接

10. 从功能的角度来看,局域网的特点包括_____。
    A. 用户个数较少　　　　　　　　　　B. 网络传输速率高
    C. 误码率高　　　　　　　　　　　　D. 使用费用低

二、填空题

1. 按网络覆盖的地理范围,可以将计算机网络分为_____、_____和_____。

2. TCP/IP 模型从上而下依次为_____、_____、_____和_____。

3. 网络协议主要由三个要素组成,分别是_____、_____和_____。

4. 在 TCP/IP 模型中,传输层的_____是一种面向连接的协议,可以提供可靠的数据包传输。

5. 在 OSI 参考模型中,每层可以使用_____层提供的服务。

三、简答题

1. 计算机网络的发展可以划分为哪几个阶段? 每个阶段各有什么特点?

2. 什么是计算机网络? 具有哪些功能?

3. 网络资源共享是指什么?

4. 按网络覆盖地理范围可以将计算机网络分为哪几种?

5. 什么是局域网? 局域网具有什么特点?

6. 常见的计算机网络拓扑结构有哪些? 各自有什么特点?

7. 计算机网络由哪几部分组成?

8. 有线网络中的传输介质有哪些? 各自有什么特点?

第2章 计算机网络通信基础

本章学习目标

- 了解数据通信的基本概念
- 掌握数据通信的主要工作方式
- 掌握信道的多路复用技术
- 了解差错检测与控制

2.1 数据通信的基本概念

为了使用户更好地理解网络的工作原理,这里将用比较通俗的方式集中介绍一些数据通信方面的基本概念与常用技术。

2.1.1 信息、数据与信号

1. 信息

信息泛指那些通过各种方式传播的、可被感受的声音、文字、图像、符号等所表征的某一特定事物的消息、情报或知识。

2. 数据

数据是对客观事物的符号表示,在计算机科学中是指所有输入到计算机中并被计算机程序处理的符号的总称。数据分为模拟数据和数字数据两种。

(1) 模拟数据:在时间和幅值取值上都是连续变化的,例如声音、语音、视频和动画片等。模拟数据通常用传感器收集。

(2) 数字数据:在时间上是离散的,在幅值上是经过量化的,它一般是由 0、1 构成的二进制代码组成的数字序列。

3. 信号

信号是数据的具体物理表现形式,它具有确定的物理描述,如电信号、光信号或磁场强度等。信号分为数字信号和模拟信号两种。

(1) 模拟信号:是一种连续变化的电脉冲序列,例如电话语音信号、电视信号等,它是随时间变化的函数曲线,如图 2.1 所示。

(2) 数字信号:是离散的不连续的电信号,通常用"高"和"低"电平脉冲序列组成的编码来表示数据,如图 2.2 所示。

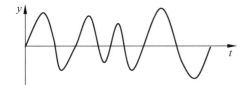

图 2.1 连续的模拟信号

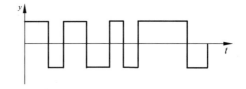

图 2.2 离散的数字信号

4. 信道

信道是信息从发送端传输到接收端的一个通路,它一般由传输介质及相应的传输设备组成。同一传输介质上可以同时存在多条信号通路,即一条传输线路上可以有多条信道。在数据通信系统中,信道为信号的传输提供了通路,信道有多种不同的类型。

(1) 按数据介质来划分,可分为有线信道和无线信道。使用有形的线路作为传输介质的信道称为有线信道,常见的有同轴电缆、双绞线、光纤等;以电磁波、红外线等方式传输信号的信道叫作无线信道,常见的有红外线、无线电、微波、卫星通信等。

(2) 按信号传输方向与时间关系来划分,可分为单工、半双工、全双工信道。单工信道是信号单方向传输的信道,在任何时刻不能改变信号的传输方向,如无线电广播、无线传呼机等就属于单工信道。半双工的信道是指信号可以进行双向传输的信道,但某一时间只能一个方向传输,两个方向不能同时传输,如对讲机等。全双工信道是指信号在任何时刻可以同时进行双向传输的信道,如程控电话、计算机通信等。

(3) 按传输信号的类型划分,可分为模拟信道和数字信道。用来传输模拟信号的信道称为模拟信道,如果利用模拟信道传输数字信号,那么需要把数字信号调制成模拟信号。传输数字信号的信道称为数字信道,数字信道适宜于数字信号的传输,失真小,误码率低,效率高,但需要解决数字信道与计算机接口的问题。

(4) 按数据的传输方式划分,可分为串行信道和并行信道。串行信道是指信号在传输时只能一位一位进行传输的信道,发送和接收双方只需要一条传输信道,彼此之间存在着如何保持比特与字符同步的问题。并行信道是指信号在传输时一次传输多个位的信道,这些位在信道上同时传输,发送和接收双方不存在同步问题。

(5) 按通信的使用方式划分,可分为专用信道和公共信道。专用信道是指连接用户设备的固定线路,在连接时可采用点对点的连接,也可采用多点的连接方式。公共信道是指通过交换机转接,为用户提供服务的信道,如使用程控交换机的电话交换网就属于公共信道。

2.1.2 数据通信系统

数据通信是指信源(发送信息的一方)和信宿(接收数据的一方)中信号的形式均为数字信号的通信方式。因此,一般将"数据通信"定义为:在不同的计算机和数字设备之间传送二进制代码 0、1 对应的比特位信号的过程。这些二进制信号,表示了信息中的各种字母、数字、符号和控制信息。计算机网络中的数据传输系统大都是"数据通信"系统。数据通信系统的基本结构模型如图 2.3 所示,其组成部分包括信源系统、传输系统和信宿系统。

图 2.3　通信系统的基本结构模型

1. 信源与信宿

通信系统产生和发送信息的一端叫信源(源系统),接收信息的一端叫信宿(目的系统)。

2. 信源系统

信源系统由发送实体、信源设备和转换/发送设备组成。

(1) 发送实体和信源设备:又称"信源"或"源点",这是信息的发送端(发送方);当发送实体为用户(人),信源设备为计算机时,人可以通过 PC 发送 E-mail 信息。

(2) 转换/发送设备:通常是信号的转换与发送设备,如 Modem(调制解调器)将 PC 发送的二进制信号转化为适应于在公用网上传输的信号,并发送到与公司网连接的传输介质中。

3. 信宿系统

信宿系统由转换/接收设备、信宿设备和接收实体组成。

(1) 接收实体和信源设备:又称"信宿"或"终点",它是信息的接收端(接收方)。当接收实体为用户(人),信宿设备为计算机时,人通过 PC 接收 E-mail 信息。

(2) 转换/接收设备:通常是信号的转换与发送设备,如 Modem 从电话线上接收模拟信号,并将其转换为计算机可以接收的数字信号。

4. 传输系统

信源与信宿通过通信线路进行通信,在数据通信系统中,也将通信线路称为信宿。根据选择的公用网(广域网)的不同,可以是电话网、电视网、电力网、移动通信网。

2.1.3 数据通信系统的主要参数

数据通信的质量参数是衡量数据传输的有效性和可靠性的参数。其主要参数包括传输速率、调制速率、信道带宽、信道容量、误码率、时延和吞吐量等。

1. 数据传输速率

数据传输速率是指每秒能传输的二进制信息位数,又称为比特率,用 b/s 标记,表示每秒传输的二进制位数,单位用比特/秒表示,它可由以下公式确定:

$$S = 1/T \times \log_2 N (\text{b/s})$$

T:数字信号脉冲重复周期。

N:一个脉冲信号代表的有效状态数,是 2 的整数倍。例如,二进制的一个脉冲可以表示"0"和"1"两个状态,故 $N=2$。

$\text{Log}_2 N$:单位脉冲能表示的比特数,如 $N=4$ 时表示一个单位脉冲为 2b。一个数字脉冲也称为一个码元,N 为一个码元所取的有效离散值个数,若一个码元仅可取 0 和 1 两种离散值,则 $N=2$;若一个码元可取 00、01、10、11 这 4 种离散值,则 $N=4$。

例如,脉冲编码调制系统(PCM)每秒钟测量取样 8000 次,量化电平为 256 个,求数据传输率。

解：信号周期 $T=1/8000$，量化电平数 $N=256=2^8$
$$S = 1/T \times \log_2 N (\text{b/s})$$
$$S = 8 \times 8000 \text{b/s} = 64 \text{kb/s}$$

当一个码元仅取两种离散值时，$S=1/T$，表示数据传输速率等于码元脉冲的重复频率。此时的 S 叫信号传输速率，也称码元率、调制速率或波特率，单位为波特（Baud）。若信号码元的宽度为 T 秒，则码元速率定义为：

$$B = 1/T (\text{Baud})$$

2. 调制速率

调制速率也称为波形速率或码元速率，是数字信号经过调制后的传输速率，表示数据传输过程中线路上每秒钟传送的波形个数。显然，波形持续时间越短，单位时间内传输的波形数就越多，则数据传输速率也越高。数据传输速率与调制速率的区别与联系如图 2.4 所示。

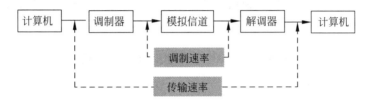

图 2.4 数据传输速率与调制速率的区别与联系

3. 信道带宽

信道带宽是指信道中传输的信号在不失真的情况下所占用的频率范围，通常称为信道的通频带，单位用赫兹（调制速率）表示。信道带宽由信道的物理特性所决定，例如，电话线路的频率范围在 $300 \sim 3400 \text{Hz}$，那么，它的带宽范围也在 $300 \sim 3400 \text{Hz}$。信道宽度用 W 表示。

4. 信道容量

信道容量是指信道能传输信息的最大能力，一般用单位时间内最大可传送的字节数来表示。信道容量由信道带宽 F、可使用的时间 T 以及信道质量决定。信道容量和信道带宽具有正比关系，带宽越宽，则容量越大，传输效率也就越高。

5. 误码率

误码率也称为出错率，是指数据通信系统在正常工作情况下信息传输的错误率。在计算机网络通信系统中，要求误码率低于 10^{-6}。误码率可以用以下几种表示方法表示。

误比特率 $Pb=b1$（接收的错误比特数）/$b0$（传输总比特数接收的错误比特数）

误码率 $Pe=e1$（接收码元中错误码元数）/$e2$（传输总码元数）

误字率 $Pw=w1$（接收的错误码字）/$w0$（传输总码字数）

误组率 $PBw=bw1$（接收的错误组数）/$bw0$（传输信息总组数）

6. 时延

时延是指一个报文或分组从一条链路的一端传送到另一端所需的时间，它包括三部分：

$$时延 = 发送时延 + 传播时延 + 处理时延$$

（1）发送时延：发送数据时使数据块（分组或报文）从节点进入到传输媒体所需要的时间。

$$发送时延（传输时延）= 数据块长度 / 信道宽度$$

（2）传播时延：电磁波在信道上传播一定的距离所需要花费的时间。

$$传播时延＝信道长度/电磁波在信道上的传播速度（m/s）$$

（3）处理时延：数据在交换节点为存储转发而进行一些必要处理所花费的时间。处理时延的长短取决于数据通信系统中当时的通信量。当通信量很大时，还会发生溢出，使分组丢失。

7. 吞吐量

吞吐量在数值上表示网络或交换设备在单位时间内成功传输或交换的总信息量，单位为 b/s。

2.2 通 信 方 式

在数据通信系统中，将传输模拟信号的系统称为模拟通信系统，将传输数字信号的系统称为数字通信系统。

2.2.1 模拟通信传输系统与数字通信传输系统

1. 模拟通信传输系统

普通的电话、广播、电视等信号都属于模拟信号，由模拟信号所构成的通信系统属于模拟通信系统。模拟通信系统通常由信源、调制器、信道、解调器、信宿以及噪声源组成，其基本结构模型如图 2.5 所示。

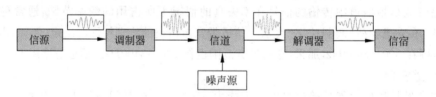

图 2.5　模拟通信传输系统结构

2. 数字通信传输系统

计算机通信、数字电话以及数字电视等信号都属于数字信号，由数字信号构成的通信系统属于数字通信系统。数字通信系统通常由信源、编码器、信道、解码器、信宿以及噪声源组成，其基本结构模型如图 2.6 所示。

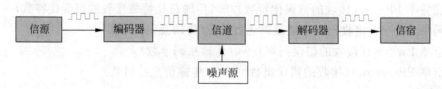

图 2.6　数字通信系统结构

由于数字信号不适合远距离传输，所以在传输前将其变为模拟信号。因此，数字通信系统通常由信源、信源编码器、信道编码器、调制器、信道、解调器、信道译码器、信源译码器、信宿、噪声源组成，其结构模型如图 2.7 所示。

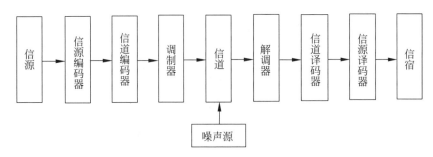

图 2.7　数字通信系统结构模型

在数字通信系统中,调制器用于将发送端数字信号变换成模拟信号;解调器用于将模拟信号还原成数字信号。将具备调制与解调功能的设备称为调制解调器,它在数据通信系统中的连接如图 2.8 所示。

图 2.8　调制解调器的功能作用

2.2.2　并行传输与串行传输

从传输的数据位排列方式来看,数据传输有并行传输和串行传输两类。串行通信和并行通信是两种基本的通信方式。串行通信通常用于计算机之间的通信,并行通信则一般用于计算机内部或与近距离设备之间的传输通信。

1. 并行传输

并行传输是数据以成组的多个数据位(一般为 8 位)方式,在多条并行信道上同时在两个设备之间进行传输。通常是将构成一个字符代码的几位二进制码分别在几个并行信道上进行传输。例如,采用 8 位二进制码的字符可以用 8 个信道并行传输。并行传输一次传送一个字符,因此收、发双方不存在字符同步的问题,不需要另加"起""止"等同步信号来实现收、发双方的字符同步。这是并行传输的一个主要优点。发送设备将数据位通过对应的数据线传送给接收设备。还可附加一位数据校验位。接收设备可同时接收到这些数据。不需要做任何变换就可使用。并行方式主要用于近距离通信,其优点是传输速度快、处理简单。但是,并行传输必须有并行信道。这往往带来了设备或实施条件上的限制。因此。它的实际应用范围有限。计算机的 LPT 端口就是并行通信口,可与具有并行接口的外部设备相连接,如并行打印机,一次传送一个字节。如图 2.9 所示的是可同时传送 8 位数据的并行传输。

29

第 2 章

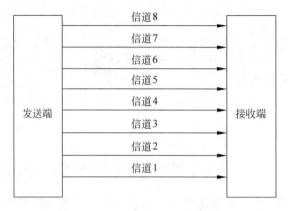

图 2.9　并行数据传输方式

2. 串行传输

串行传输指的是数据流以串行方式逐位地在通信线路中的一条信道上传输,一个字符的 8 位二进制码由高位到低位顺序排列,再接下一个字符的 8 位二进制码,这样串接起来形成串行数据流进行传输。串行传输只需要一条传输信道,易于实现,是目前经常采用的一种传输方式。但是,串行传输存在一个收、发双方如何保持码组或字符同步的问题。如果这个问题不解决,接收方就不能从接收到的数据流中正确地分离出一个个字符,因而传输将失去意义。由于计算机和相关设备内部的数据传送是并行的,因此在收发双方的接口上要加上并/串转换设备。如图 2.10 所示,计算机的 COM 端口就是串行通信口,串行传输方式费用低,在计算机网络中多使用这种方式。

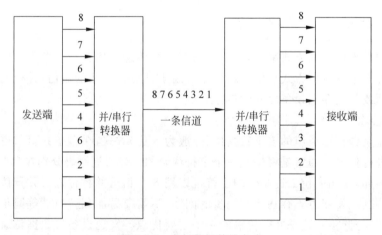

图 2.10　串行数据传输方式

串行传输方式又分为三种不同的方式,即单工通信、半双工通信和全双工通信。

1) 单工通信

数据在信道中只能向一个方向传送,无法反方向传送,如图 2.11 所示,数据只能从 A 端发送到 B 端。例如,无线电广播、有线广播和电视广播。显然,这种类型的传输只需要一条信道,发送端只有发送装置,接收端只有接收装置,设备相对比较便宜。在实际使用中,往往还采用另一条信道来传送控制信号,因此单工通信中常采用两根导线组成的线路。

图 2.11　单工通信方式

2）半双工通信

数据在信道中可以在两个方向上传送,但同一时刻只能向一个方向传送。通信双方都可以发送或接收数据,但不能同时发送或接收,如图 2.12 所示。使用同一载波频率工作的无线电收发报机即为此例:当一方发送时,另一方只能接收。通信双方都需要备有发送装置和接收装置,通过开关来进行切换,交替发送或接收。要求通信双方都必须有发送器和接收器,因此比单工通信设备价格高。

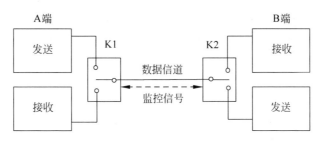

图 2.12　半双工通信方式

3）全双工通信

通信双方可同时发送或接收信息。通信双方都需要备有发送装置和接收装置,并且需要两条信道,如图 2.13 所示。这两条信道可以由两条实际线路构成,也可以在一条线路上通过分频技术来实现。同时也可以采用另外两条信道来传送控制信号。电话通信就是全双工的例子。它不但要求通信双方都有发送和接收的设备,而且要求信道能够提供双向传输的双向带宽,相当于把两条相反方向的单工通信信道组合在一起,所以其设备更昂贵,但其效率更高,同时结构也较复杂,实现的成本也较高。

图 2.13　全双工通信方式

2.2.3　异步传输与同步传输

在数据通信系统中,整个计算机通信系统能否正确有效地工作,在相当程度上依赖于是否能很好地实现同步。目前,串行通信的传输按通信约定的格式分为两种,即同步传输方式和异步传输方式。

1. 异步传输

异步传输方式又称起止方式,一次只传输一个字符,每个字符都要在前后加上起始位和终止位。起始位为"0",占据 1 位,终止位为"1",占据 1 或 2 位,以此表示一个字符的开始和结束。在起始位和终止位之间是 5～8 位的字符数据,包含 7 位信息位和 1 位校验位。如果没有发送的数据,发送方应发送连续的停止码"1"(称为传号,连续的"0"称为空号)。接收方根据"1"到"0"的跳变来判断一个新字符的开始,从而起到通信线路两端的同步作用。为了能检测字符传输的正确性,可在字符代码后加一位奇偶校验位。异步传输方式的结构如图 2.14 所示。

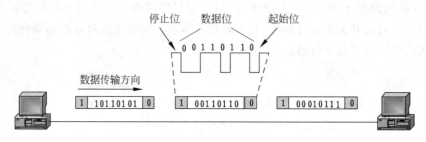

图 2.14　异步传输方式

异步传输是指发送信息的一端可以在任何时刻向信道发送信息,而不管接收方是否准备好,接收方在收到"起始位"后,即可开始接收信息。

由于异步传输的辅助开销过多,所以传输速率较低,因此,异步传输方式只适用于低速率通信设备和低速通信的场合。例如,常用在分时终端中与计算机的通信、低速终端与主机之间的通信和对话等低速数据传输的场合。

2. 同步传输

同步传输是以同步的时钟节拍来发送数据信号,因此在一个串行的数据流中,各信号码元之间的相对位置都是固定的(即同步的)。接收端为了从收到的数据流中正确地分离出一个个信号码元,首先必须建立准确的时钟信号。为防止收、发双方之间的计时漂移,它们的时钟必须以某种方式同步。一种方式是在收、发双方之间另外提供一条时间通路,另一种方式是将时间信号掺入数据信号中。同步方式的每个字符前后并不附加起止位作为字符的边界,而是在发送字符之前先发送一组同步字符,通过传输特定的控制字符或同步序列来完成的,一般以组(或称帧)为单位(8 位或 16 位),使收、发双方进入同步。同步字符之后可以连续发送任意多个字符,直到控制字符指出这一组字符传输结束。在同步传输时,发送方和接收方将整个字符组作为一个单位传送,每一组数据可包含多个字符收、发之间的码组或帧同步,从而提高了数据传输效率。所以这种方法一般用在高速传输数据的系统中,如计算机之间的数据通信。起止标识、同步标识等称为控制信息,用于控制数据的传输同步。数据块加上控制信息称为帧,若将数据块当作字符,则这样的帧称为面向字符的帧。若将数据块看作二进制位流,则称为面向二进制位的帧。异步传输通常是面向字符的,同步传输可能是面向字符的,也可能是面向二进制位的。同步传输方式如图 2.15 所示。

由于同步传输以数据块的方式传输,因此,同步传输的效率比异步传输较高,传输速率也较快。一般用于计算机与计算机之间的通信,智能终端与主机之间的通信,以及网络通信等高速数据通信的场合。

同步字节	数据帧	同步字节
01111110	1011010101101100...1111010110110100	01111110

图 2.15　同步传输方式

2.3　数据调制与编码

在计算机中的数据是用二进制 0、1 比特序列表示的,在物理上是用低电平和高电平来呈现的。由于在线路上传输的数据有模拟数据和数字数据,因而数据传输的通信信道有模拟信道与数字信道之分。为了便于不同数据在不同的信道中传输(适应不同的传输特性),在数据送入信道之前必须对其进行调制和编码。在通信系统中,数据的调制和编码可分为 4 种基本形式,即数字数据的模拟调制、模拟数据的模拟调制、数字数据的数字编码、模拟数据的数字编码。

2.3.1　数字数据的模拟调制

数字数据的模拟调制是基于调幅、调频、调相三种调制技术,分别称为振幅键控、移频键控和移相键控。

1. 振幅键控

振幅键控(Amplitude-Shift Keying,ASK)是通过改变载波信号振幅来表示数字信号 1 和 0。例如,可以用载波幅度 Um 表示数字 1,用载波幅度 0 表示数字 0。ASK 信号波形如图 2.16(a)所示。

其数学表达式为:

$$u(t) = \begin{cases} u(t) = Um \cdot \sin(\omega_1 t + \phi) & \text{数字 1} \\ 0 & \text{数字 0} \end{cases}$$

ASK 信号实现容易,技术简单,但抗干扰能力较差。

2. 移频键控

移频键控(Frequency-Shift Keying,FSK)方法是通过改变载波信号角频率来表示数字信号 1 和 0。例如,可以用角频率 $\omega_1 t$ 表示数字 1,用角频率 $\omega_2 t$ 表示数字 0。FSK 信号波形如图 2.16(b)所示。

其数学表达式为:

$$u(t) = \begin{cases} Um \cdot \sin(\omega_1 t + \phi) & \text{数字 1} \\ Um \cdot \sin(\omega_2 t + \phi) & \text{数字 0} \end{cases}$$

由于 FSK 信号实现容易,技术简单,抗干扰能力较强,是目前最常用的调制方法之一。

3. 移相键控

移相键控(Phase-Shift Keying,PSK)方法是通过改变载波信号的相位值来表示数字信号 1 和 0。如果用相位的绝对值表示数字信号 1 和 0,则称为绝对调相。如果用相位的相对偏移值表示数字信号 1 和 0,则称为相对调相。

1) 绝对调相

在载波信号 $u(t)$ 中,ϕ 为载波信号的相位。当表示数字 1 时,取 $\phi=0$;当表示数字 0 时,取 $\phi=\pi$。这种最简单的绝对调相方法可以用下式表示:

$$u(t) = \begin{cases} \text{Um} \cdot \sin(\omega t + 0) & \text{数字 1} \\ \text{Um} \cdot \sin(\omega t + \pi) & \text{数字 0} \end{cases}$$

接收端可以通过检测载波相位的方法来确定它所表示的数字信号值。绝对调相波形如图 2.16(c)所示。

2) 相对调相

是用载波在两位数字信号的交接处产生的相位偏移来表示载波数字信号。最简单的相对调相方法是:两比特信号交接处遇 0,载波信号相位不变;两比特信号交接处遇 1,载波信号相位偏移 π。相对调相波形如图 2.16(d)所示。

在模拟数据通信中,为了提高数据传输速率,人们常采用多相调制方法,将待发送的数字信号按两个比特一组的方式组织,两位二进制比特可以有 4 种组合,即 00、01、10、11。

每组是一个双比特码元,可以用 4 个不同的相位值去表示这 4 组双比特码元。那么,在调相信号传输过程中,相位每改变一次,传送两个二进制比特。这种调相方法称为 4 相调制。

同理,如果将发送的数据每三个比特组成一个三比特码元组,三位二进制数共有 8 种组合,那么对应可以用 8 种不同的相位值去表示,这种调相方法称为 8 相调制。

例如,图 2.16 是对数字数据"010010"进行不同调制方法的波形。

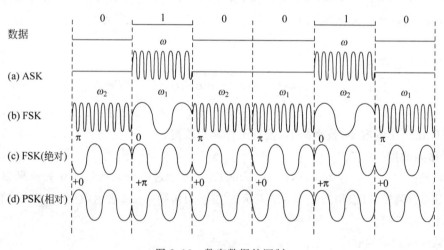

图 2.16　数字数据的调制

2.3.2　模拟数据的模拟调制

对模拟数据进行模拟调制的目的,其一是将低频信号搬迁到较高的频带进行传输;其二是将模拟信号放大;其三是通过调制可以使用频分多路复用技术。模拟数据调制可通过调幅、调频和调相三种方法来实现。

1. 振幅调制

振幅调制（Amplitude Modulation,AM）是以原来的模拟数据为调制信号对载波的幅值按调制信号的幅值进行调制,调制后载波信号的频率和相位不变,幅值随调制信号的幅值变化而变化,如图 2.17(a)所示。

2. 频率调制

频率调制（Frequency Modulation,FM）是以原来的模拟数据为调制信号,对载波的频率按调制信号的频率进行调制,调制后载波信号的相位和幅值不变,频率随调制信号的幅值变化而变化,如图 2.17(b)所示。

3. 相位调制

相位调制（Phase Modulation,PM）是以原来的模拟数据为调制信号,对载波的相位按调制信号的相位进行调制,调制后载波信号的频率和幅值不变,相位随调制信号的幅值变化而变化,如图 2.17(c)所示。

例如,图 2.17 是对数字数据"01001101"进行不同调制方法的波形。

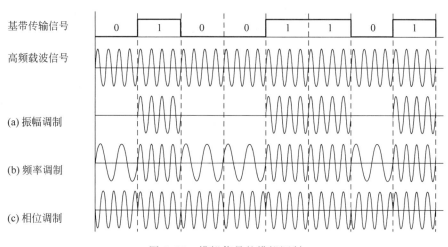

图 2.17　模拟信号的模拟调制

2.3.3　数字数据的数字编码

数字数据的数字编码就是把数字数据用物理信号的波形表示,是用高低电平的不同组合来表示二进制的方法。

常用的编码方式主要有三种:不归零码、曼彻斯特编码和差分曼彻斯特编码。

1. 不归零码

不归零码（Non-Return to Zero,NRZ）是一种全宽码,即信号波形在一个码元全部时间内发出或不发出电流,每一位码占全部码元的宽度。不归零码可分为单极性和双极性两种。

(1) 单极性不归零码（Single Polarity NRZ）:是以无电压（无电流）表示"0",而用恒定的正电压表示"1"。

(2) 双极性不归零码（Double Polarity NRZ）:是以负电压表示"0",而用恒定的正电压表示"1"。

以上反之亦然,即负电压表示"1",正电压表示"0"。

不归零码的一个显著特征是,在一个码元时间内,电平均不归零,如图 2.18(a)所示。这种编码有利于提高数据传输的可靠性,但当出现连续的"1"或"0"时,则很难同时保持同步。

2. 曼彻斯特编码

曼彻斯特编码是目前应用最广泛的编码方法之一。其编码规则是:每个比特的周期 T 分为前 $T/2$ 与后 $T/2$ 两部分;通过前 $T/2$ 传送该比特的反码,通过后 $T/2$ 传送该比特的原码,如图 2.18(b)所示。

3. 差分曼彻斯特编码

这是对曼彻斯特编码的改进,它将时钟和数据包含在信号中,在传输代码信息的同时将时钟同步信号一起传输到对方,所以都属于自同步编码,其数据传输速率只有调制速率的 1/2,如图 2.18(c)所示。它的特点是每一位二进制信号的中间的跳变仅作为时钟,而不代表二进制数据的取值,二进制数据的取值是由每一位开始的边界处是否有跳变来决定的。一位数字信号的起始位置存在跳变代表"0",而无跳变则代表"1"。

由于曼彻斯特编码与差分曼彻斯特编码在其信号传输中包含时钟,因此,具有同步时钟和良好的抗噪声特性,因而在局域网中被广泛使用,但它们的成本较高。

例如,图 2.18 是对数字数据"10000101"进行不同的数字编码的波形图。

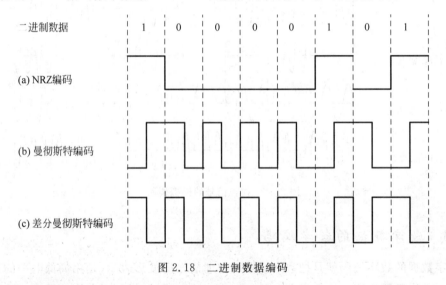

图 2.18　二进制数据编码

2.4　信道复用技术

传输信号要求的带宽与传输介质允许通过的带宽是不一样的,为了节省开销,应当充分利用传输介质的带宽。在一条信道上同时传送多于一路以上信号的传输方式,叫作信道的多路复用。多路复用传输技术的基本原理如图 2.19 所示。

多路复用的优点如下:仅需要一条传输线路,所需的传输介质较少,可以充分利用所用的传输介质容量,降低了设备费用。通信系统的实现费用因传输线路的减少而减少。多路复用系统对用户是透明的,提高了工作效率。多路复用一般形式有:频分多路复用

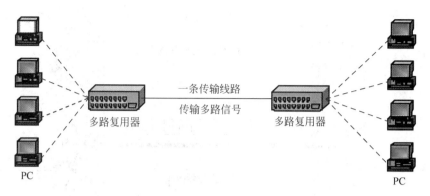

图 2.19　多路复用基本原理图

（FDM）、时分多路复用（TDM）、光波分多路复用（WDM）、码分多路复用（CDM）和统计时分多路复用（STDM）。文中主要对前三种进行介绍。

2.4.1　频分多路复用

频分多路复用（Frequency Division Multiplexing，FDM）是指在物理信道的可用带宽超过单个原始信号所需带宽的情况下，可将该物理信道的总带宽分割成若干个与传输单个信号带宽相同的子信道，每个子信道传输一路信号，这就是频分多路复用。频分多路复用的基本工作原理如图 2.20 所示。

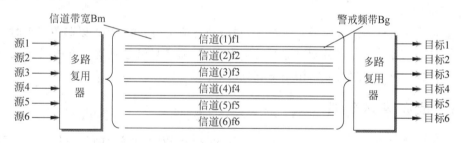

图 2.20　频分多路复用原理图

信道带宽 Bm 表示传输介质的总带宽，警戒频带 Bg 是指相邻两个信号的频率段之间的隔离频带，是为了防止相邻信道多路信号之间的频率覆盖相互干扰。

频分多路复用主要用于模拟信道的复用。例如，无线广播、无线电视应用等。

2.4.2　时分多路复用

时分多路复用（Time Division Multiplexing，TDM）是指将一条物理信道的传输时间划分为若干个时间片，每个用户分得一个时间片，在其占有的时间片内用户使用通信信道的全部带宽，如图 2.21 所示。如果与 FDM 相比较，由于 FDM 是以信道频带作为分割对象，通过为多个信道分配互不重叠的频率范围的方法来实现多路复用，因此频分多路复用更适于模拟数据信号的传输，而 TDM 则以信道传输时间作为分割对象，通过为多个信道分配互不重叠的时间片的方法来实现多路复用，因此更适合于数字数据信号的传输。

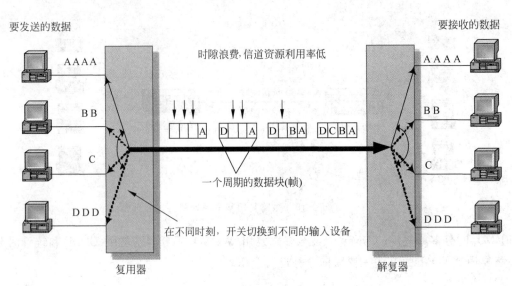

图 2.21　时分多路复用原理图

时分多路复用在技术实现上,可分为同步时分多路复用和异步时分多路复用两种方式。

1. 同步时分

同步时分指发送端的多台计算机通过一条线路向接收端发送数据时进行分时处理,它们以固定的时隙进行分配。

2. 异步时分

异步时分又被称为统计时分复用技术,它能动态地按需分配时隙,以避免每个时隙段中出现空闲时隙。异步时分在分配时隙时是不固定的,而是只给想发送数据的发送端分配其时隙段,当用户暂停发送数据时,则不给它分配时隙。

2.4.3　波分多路复用

波分多路复用(Wavelength Division Multiplexing,WDM)采用的是波长分隔多路复用技术,在同一传输信道内传输多路不同波长的光信号。WDM 和 FDM 基本上都基于相同原理,所不同的是 WDM 应用于光纤信道上的光波传输过程,而 FDM 应用于电模拟传输。波分多路复用原理如图 2.22 所示。

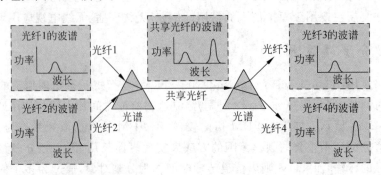

图 2.22　波分多路复用原理图

2.5　差错检测与控制

人们总是希望在通信线路中能够准确无误地传输数据。但是,由于来自信道内外的干扰与噪声,数据在传输过程中难免会发生错误,因此差错的产生是不可避免的。差错控制技术是分析差错产生的原因与差错类型,研究发现差错,纠正差错,把差错控制在尽可能小的允许范围内的技术和方法。

2.5.1　差　错

1. 差错的定义

在数据通信过程中,由于信号的衰减、噪声的干扰,通信线路上的数据信号与干扰信号叠加在一起,会造成接收端接收到发生差错的数据。例如,把"1 变为 0"和把"0 变为 1"。我们把通过通信信道后接收的数据与发送数据不一致的现象称为传输差错,通常简称为差错。差错产生的过程如图 2.23 所示。

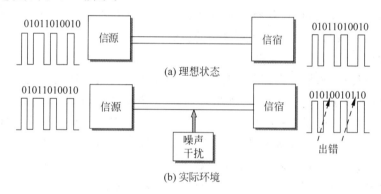

图 2.23　差错产生的过程

2. 差错的类型

1）热噪声

热噪声是指由传输介质的内部因素引起的差错,如噪声脉冲、延迟失真等引起的差错。其特点是:时刻存在,幅度较小,频谱宽,强度与频率无关。因此,热噪声是一类随机噪声,其引起的差错被称为随机差错。

2）冲击噪声

冲击噪声是指由外界电磁干扰引起的,如电磁干扰、工业噪声等引起的差错。与热噪声相比,具有噪声幅度较大、噪声持续时间较长等特点,因此,在传输差错中,冲击噪声是产生差错的主要原因。冲击噪声引起的差错称为突发差错。

2.5.2　差错检测方法

在计算机通信中,检测接收到的数据是否受到噪声影响而发生了差错的方法是利用检错码来判断的。常用的检错码有两种,即奇偶校验、方块校验和循环冗余校验。

1. 奇偶校验

奇偶校验分为奇校验和偶校验两种。偶校验是指在传输过程中必须保证 1 的个数为偶数；奇校验是指在传输过程中必须保证 1 的个数为奇数。例如，表 2.1 所示的偶校验和奇校验的示例中，ASCII 字符 Z 的 7 位代码为 1011010，其中有 4 个 1(偶数个)；所以，在采用偶校验时，校验位的值应为 0，以保证整个字符中的 1 的个数为偶数；为此，被传送的字符应当为 01011010。同理采用奇校验时，为保证整个字符中的 1 的个数为奇数个，则校验位应为 1，即被发送的字符应当为 11011010。

表 2.1 奇偶校验位的位置

| 校验方式 | 校验位 | ASCII 代码位 | | | | | | | 字符 Z | ASCII 代码 |
	8	7	6	5	4	3	2	1		十进制
偶校验	0	1	0	1	1	0	1	0	Z	90
奇校验	1	1	0	1	1	0	1	0	Z	90

奇偶校验法常用于低速通信的场合，例如，在通过普通电话、普通 Modem 与 ISP(Internet 服务商)连接时，由于其通信速率很低，因而，采用了使用"奇偶校验法"的异步传输。在高速数据传输时，则应当采用更复杂的差错控制方法。

2. 方块检验

方块检验也称作"水平垂直冗余校验"，其工作原理的实质仍然是奇偶校验。在方块检验中，将传送的一批字符(7 位)组成一个方块，在数据方块的后边，增加一个被称为"方块校验字符"的检验字符。由于方块校验对方块的"行"与"列"都进行奇偶校验，因此，极大地提高了检错率。例如，如表 2.2 所示，传送 5 个字符代码以及每个字符的"偶校验"位，和"方块校验"检验字符的奇偶检验结果。由表可以看出，采用这种校验方法，如果有两位传输出错，则不仅可以从每个字符的奇偶校验位中反映出来，还可以从方块校验字符中反映出来。

表 2.2 方块校验的工作方式

字符/位	N	E	T	W	O	方块校验(偶校验)
1	1	1	1	1	1	1
2	0	0	0	0	0	0
3	0	0	1	1	0	0
4	1	0	0	0	1	0
5	1	1	1	1	1	1
6	1	0	0	1	1	1
7	0	1	0	1	1	1
方块校验(偶校验)	0	1	1	1	1	0

方块检验方法具有较强的检错能力，基本上能发现所有一位、两位或三位的错误，与奇偶校验方法相比，误码率降低了 2~4 个数量级，因此，被广泛地用在计算机通信和某些计算机外设的数据传输中。

3. 循环冗余校验

目前，最精确和最常用的差错控制技术是循环冗余校验(Cyclic Redundancy Check,

CRC)。CRC 是一种较复杂的校验方法,它是一种通过多项式除法检验差错的方法。

这种编码的基本思想是:发送方用生成多项式 $G(x)$ 做多项式除法,求出余数多项式 CRC 校验码,并在发送数据的末尾加上 CRC 校验码,组成数据帧;发送方将数据帧通过传输信道发给接收方。接收方收到带有"校验码"的数据帧后,用约定好的与发送方相同的 $G(x)$ 做多项式除法,若能除的尽,则表明传输无错;反之,除不尽,有余数,则表示传输有错,接收方将通知发送方重传数据。

1) 发送方的处理

(1) 将要发送的二进制数据比特序列当作一个多项式

$M(x) = b_0 x^r + b_1 x^{r-1} + \cdots + b_{r-1} x^1 + b_r x^0$ 的系数,其中,$b_0, b_1, \cdots, b_{r-1}$ 的取值为 0 或 1,最高项指数为 r。如果 $b_0, b_1, \cdots, b_{r-1}$ 中的 x^i 项存在,则其对应的 b_i 为 1,反之,为 0。

(2) 选择一个标准的生成多项式:$G(x) = a_0 x^k + a_1 x^{k-1} + \cdots + a_{k-1} x^1 + a_k x^0$,其中,最高指数为 k;其中 $a_0, a_1, \cdots, a_{r-1}, a_0$ 的值为 0 或为 1,取值方法与上面(1)所述相同,但要求:$0 < k < r$。

(3) 计算 $x_k \cdot M(x)$,对于二进制数乘法来说,即左移 k 位,形成被除式的比特序列。

(4) 计算"模二"除法求出余数多项式 $R(x)$ 的 k 位比特序列,即 CRC 检验码比特序列。

(5) 形成发送数据的比特序列:将上述余数多项式 $R(x)$,加到数据多项式 $M(x)$ 之后发送到接收端。

2) 发送形成的比特序列

接收端通信信道将生成的待发数据发送至接收方,即发送 $M(x)$ 和 $R(x)$ 的比特序列。

3) 接收方的处理

接收端使用收发双方预先约定好的,同样的生成多项式 $G(x)$ 的比特序列,去除接收到的比特序列,若能被其整除,则表示传输无误;反之,表示传输有误,通知发送端重发数据,直至传正确为止。

例题:试通过计算求出 CRC 校验码的比特序列、含有 CRC 校验码的实际发送的比特序列 $T(X)$ 并写出接收端验证过程。

条件:

(1) CRC 校验中的生成多项式为:$G(x) = x^4 + x^3 + x^2 + 1$。

(2) 要发送的二进制信息多项式为:$M(x) = x^5 + x^3 + x^2 + 1$。

解:根据上述步骤进行"模二"除法,如图 2.24 所示。

(1) $x_k \cdot M(x)$ 被除式的比特序列为 1011010000。

(2) 求出余数多项式 $R(x)$ 的 k 位比特序列为 0110。

(3) 发送且经通信信道传输的数据比特序列为 1011010110,它由两个部分组成,如表 2.3 所示。

表 2.3　发送比特序列组成

要发送的二进制信息比特数据	CRC 校验码比特序列
101101	0110

(4) 接收验证:假定接收到的数据为 1011010110。

(5) 验证计算:如图 2.25 所示。

$$
\begin{array}{r}
111110 \\
11101\overline{)\,1011010000} \\
11101 \\
\overline{10111} \\
11101 \\
\overline{10100} \\
11101 \\
\overline{10010} \\
11101 \\
\overline{11110} \\
11101 \\
\overline{110}
\end{array}
\qquad
\begin{array}{r}
111110 \\
11101\overline{)\,1011010110} \\
11101 \\
\overline{10111} \\
11101 \\
\overline{10100} \\
11101 \\
\overline{10011} \\
11101 \\
\overline{11101} \\
11101 \\
\overline{0}
\end{array}
$$

图 2.24　CRC 校验码的计算　　　　图 2.25　CRC 校验码的接收验证

（6）验证结果为 0，表示传输无错。

注意：当求出的余数 $R(x)$ 不足 k 位，应在余数左边补 0 直到 k 位，生成 k 位 CRC 码。例如，当 $k=6$ 时，如果计算出的余数 $R(x)$ 为 110，则 CRC 检验码应为 000110。

CRC 码检错能力强，容易实现，在计算机网络中得到广泛应用。

2.5.3　差错控制

差错控制是指数据通信过程中，发现、检测差错并对差错进行纠正，从而把差错限制在数据传输所允许的尽可能小的范围内的技术和方法。在数据传输中，没有差错控制的传输通常是不可靠的。

1. 差错控制编码

差错控制编码就是利用编码来实现差错控制，分为纠错码和检错码两种。

（1）纠错码：让每一个传输的分组带上足够的冗余信息，以便在接收端发现并自动纠正传输中的差错。

（2）检错码：让分组仅包含足以使接收端发现差错的冗余信息，但不能确定错误的位置，即检错码自己不能纠正传输差错。

纠错码虽能自动纠正传输中的差错，但其实现复杂、造价高、费时间，在一般通信场合不宜采用。检错码方法虽然要通过重传机制达到纠错，但原理简单，实现容易，编码与解码速度快，因而在数据传输中得到广泛应用。

2. 差错控制方法

目前，常用的差错控制方法有前向纠错、反馈重发和混合纠错方法。

1）前向纠错方法

前向纠错方法（FEC）是由发送数据端发出能纠错的编码，接收端收到这些编码后便进行检测，当检测出差错后自动纠正差错。FEC 原理如图 2.26 所示。

2）反馈重发检错方法

反馈重发检错方法又称自动请求重发（ARQ）方法，它是由发送端发出能够检测错误的编码，接收端依据检错码的编码规则进行判断。检测出差错后通过反馈信道告诉发送端重新发送数据，直到无差错为止。反馈重发机制如图 2.27 所示。

图 2.26　FEC 方法原理图

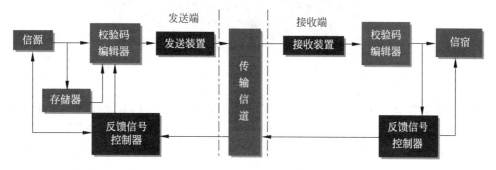

图 2.27　反馈重发纠错的实现机制

3）混合纠错方法

混合纠错方法就是前向纠错和反馈重发检错的结合,反馈重发纠错的实现方法可分为停止等待和连续工作方式。

（1）停止等待方式：其工作原理是发送端发送完一个数据单元后,便停下来等待接收端应答信息的到来。如果收到的应答信息是正确应答,发送端就继续发送下一数据帧;如果收到的应答是错误应答,则重发出错数据帧。

（2）连续工作方式：为了克服停止等待方式的缺点,人们提出了连续工作方式。在这种方式中又分为拉回方式和选择重发方式。拉回方式是发送端连续发送数据帧,接收端每收到一个数据帧就进行校验,然后发出应答信息;选择重发方式是当发送端收到错误应答时暂停正常发送,而重新发送出错的数据帧,然后再继续正常的发送。

2.6　实验任务　数据通信量测试

操作步骤如下。

1. 测量网络中任意两个节点的带宽

经常有人反映网络速度缓慢,那么怎样确定网络间带宽是多少呢？Sniffer 只能抓包不能给出实际带宽,这时候就需要借助 Chariot 软件来测量。假定要测量网络中 A 计算机 10.91.30.45 与 B 计算机 10.91.30.42 之间的实际带宽。

（1）首先在 A、B 计算机上运行 Chariot 的客户端软件 Endpoint。双击 Endpoint.exe 程序,在任务管理器中会出现一个名为 Endpoint 的进程,表明被测量的机器已经就绪。

（2）运行控制端 Chariot 程序,如图 2.28 所示。可以选择网络中的其他计算机,也可以在 A 或 B 计算机上直接运行 Chariot。

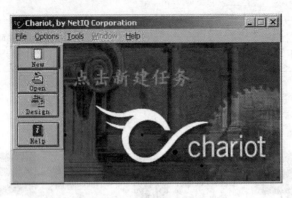

图 2.28　Chariot 界面

（3）在图 2.28 的主界面中单击 New 按钮，在弹出的界面上方单击 Add Pair 按钮，出现如图 2.29 所示对话框。在 Pair comment 栏中输入被测试的名称，如"带宽测量"，在 Endpoint 1 network address 栏中输入 A 计算机的 IP 地址 10.91.30.45，在 Endpoint 2 network address 栏中输入 B 计算机的 IP 地址 10.91.30.42。单击 Select Script 按钮并选择一个脚本，由于是测量带宽所以选择软件内置的 Throughput.scr 脚本，如图 2.29 所示。

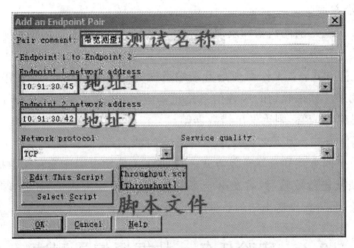

图 2.29　Add an Endpoint Pair 对话框

提示：Chariot 可以测量包括 TCP、UDP、SPX 在内的多种网络传输层协议，在测量带宽时选择默认的 TCP 即可。

（4）确定后单击主菜单中的 RUN 按钮启动测量工作。之后软件会测试 100 个数据包从 A 计算机发送到 B 计算机。在结果中单击 Throughout 标签可以查看具体测量的带宽大小。如图 2.30 所示显示了 A 与 B 计算机之间的实际最大带宽为 83.6Mb/s。

提示：由于交换机和网线的损耗，往往真实带宽达不到 100Mb/s，所以本任务在测试中得到的 83.6Mb/s 基本可以说明 A 与 B 计算机之间的最大带宽为 100Mb/s，去除损耗可以达到八十多兆比特每秒的传输速度。

2. 地址测试

在一个 TCP/IP 网络中，每一台计算机都至少要有一个唯一确定的 IP 地址，否则无法

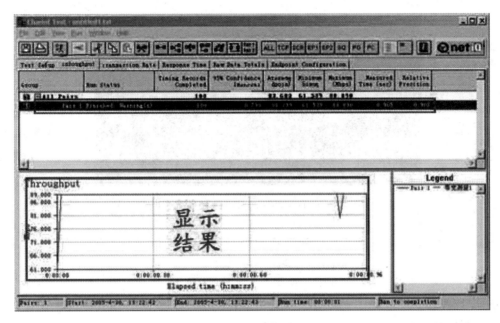

图 2.30　测试结果

进行通信。管理员为客户机分配 IP 地址有两种方法：自动分配和手工分配。若网络中配置了 DHCP 服务器，在客户机上一般采用自动获取 IP 地址的方式配置 IP 地址，客户机启动后会自动向网络中 DHCP 服务器发出 IP 地址的租用申请，DHCP 服务器响应后会分配给客户机所需的 IP 地址。可在 MS-DOS 命令提示符下输入"ipconfig"命令查看从 DHCP 服务器的地址池中租用的 IP 地址，若显示的 IP 地址为 169.254. ＊. ＊（＊ 为 1～254 之间的任意数字）则说明 DHCP 服务器未启用或已损坏，客户机的 IP 地址是通过 APIPA 自动随机生成的私有地址。若没有配置 DHCP 服务器，就需要在客户机上指定 IP 地址，当局域网的计算机上配置 IP 地址后，就需要验证和测试 IP 的配置是否正确，通过下面的步骤来测试网络的连通性。

（1）用 ipconfig 命令查看本机正在使用的地址，在 MS-DOS 命令提示符下输入 ipconfig 命令，可显示出本机正在使用的 IP 的设置，若显示 IP 地址为 0.0.0.0，则说明所列地址在局域网中已被使用而发生了冲突。

（2）Ping 127.0.0.1，测试 TCP/IP 初始化是否正常，如 Ping 不通，则说明 TCP/IP 协议栈被损坏，需重新安装 TCP/IP。Ping 本机 IP 地址，用来测试网卡的工作情况及网卡与协议绑定情况，若 Ping 不通说明网卡的驱动没有安装好或协议绑定有问题，需要重新安装网卡驱动。

（3）Ping 同一子网的另一台机器，测试网线或集线器是否正常，若 Ping 不通，则有可能是网线断了或 RJ-45 头接线有问题，还有可能是集线器坏了。

（4）Ping 网关 IP，若 Ping 不通，有可能是本机的子网掩码配置错误或网关地址错误，或路由器端口有问题。

（5）Ping 远程主机 IP，若 Ping 不通，如图 2.31 所示，可能是路由器上的配置错误或远程主机的问题所引起。

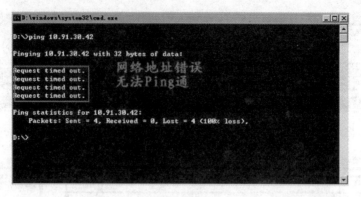

图 2.31　Ping 远程主机 IP 不通

习　　题

一、选择题

1. 利用局域网接入 Internet,用户计算机必须具有_____。

　　A. 调制解调器　　　　B. 网卡　　　　　　C. 声卡　　　　　　D. 鼠标

2. 数据传输率单位的符号表示为_____。

　　A. bbs　　　　　　　B. pbs　　　　　　　C. pps　　　　　　D. b/s

3. 两台计算机利用电话线路传输数据信号时必备的设备是_____。

　　A. 调制解调器　　　　B. 集线器　　　　　C. 路由器　　　　　D. 网络适配器

4. 差错控制编码的基本方法有两大类,它们是_____。

　　A. 归零码和不归零码　　　　　　　B. 曼彻斯特编码和差分曼彻斯特编码

　　C. 检错码和纠错码　　　　　　　　D. 奇偶校验码和 CRC 码

5. 在同步传输方式中,_____。

　　A. 一次传输一个字符　　　　　　　B. 收/发端不需要进行同步

　　C. 数据传输率低　　　　　　　　　D. 一次传输一个数据块

6. 频分多路复用是利用频谱搬移技术来实现多路信号复合传送。从信道带宽的角度来看,_____。

　　A. 每一条子信道占有一条较窄的频带

　　B. 每一条子信道占有一段固定的时隙

　　C. 为了可同时传输更多的信号,各子信道的频带可以重叠

　　D. 可以直接传送数字信号

7. 目前,将数字信号调制成模拟信号常用的方式有_____。

　　A. 调幅,调相,调频　　　　　　　　B. 调幅,调相,调制

　　C. 频分,时分,统计　　　　　　　　D. 调制,复用,同步

8. 数据传输速率从本质上讲是由_____决定的。

　　A. 信道长度　　　　　　　　　　　B. 信道带宽

　　C. 传输的数据类型　　　　　　　　D. 信道利用率

9. 利用模拟信道传输数字信号的方法叫作_____。

    A. 基带传输   B. 调幅   C. 调频   D. 频带传输

10. 半双工数据传输是_____。

    A. 双向同时传输   B. 双向不同时传输

    C. 单向传输   D. A 和 B 都可以

二、填空题

1. 模拟通信系统通常由信源_____、_____、解调器、信宿以及噪声源组成。

2. 数据通信按照信号传送方向与时间的关系，可以分为三种：_____、_____、_____。

3. 奇偶检验码是一种常用的检错码，其校验规则是：在原信息位后附加一个_____，将其值置为"0"或"1"，使整个数据码中"1"的个数成为奇数或偶数。

4. 传送 10 的 6 次方二进制的数据，接收时发现 1 位出错，其误码率为_____。

5. 数据传输方式按数据传输的同步方式可分为_____和_____。

6. 多路复用的理论依据是_____，在频分多路复用的各子频率间留有一定的保护频带，其目的是保护频带，防止串扰。

7. 物理信道_____，即信道允许传送信号的最高频率和最低频率之差。单位：Hz。

8. 信道容量是信道_____数据能力的极限，即一个信道的最大数据传输速率，单位为 b/s(或 bps)。

9. _____是用发送的消息对载波的某个参数进行调制的设备。

10. 假设字符 w 的 ASCII 码从低位到高位依次为"1100101"，若采用奇校验，则输出字符为_____。

三、简答题

1. 什么是数据？什么是信号？

2. 什么是信道？常用的信道类型有几种？什么是物理信道和逻辑信道？

3. 什么是基带传输？什么是频带传输？

4. 什么是数字信道？什么是模拟信道？

5. 什么是传输速率？什么是误码率？什么是时延？

6. 什么是串行传输？什么是并行传输？请用生活中的实例进行说明。

7. 在基带传输系统中采用哪几种编码方法？试用这几种方法对数据 10101011 进行编码。

8. 什么是差错控制？差错控制有哪几种方法？

9. 什么是多路复用技术？多路复用技术分为哪几种？

10. 什么是同步传输和异步传输？

第3章　计算机网络体系结构与协议

本章学习目标

- 了解计算机网络体系结构与协议
- 掌握 OSI/RM 参考模型
- 掌握 TCP/IP 参考模型

3.1　计算机网络体系结构与协议概述

网络体系结构是为了完成计算机间的协同工作,把计算机间互连的功能划分成具有明确定义的层次,规定了同层次进程通信的协议及相邻层之间的接口服务。网络体系结构是网络各层及其协议的集合,所研究的是层次结构及其通信规则的约定。

3.1.1　层次体系结构的工作原理

为了便于理解,下面以邮政通信系统为例,如图 3.1 所示,以此引出计算机网络通信和网络体系结构的概念,这一概念对计算机网络中电子邮件的发送和接收有着重要的参考意义。

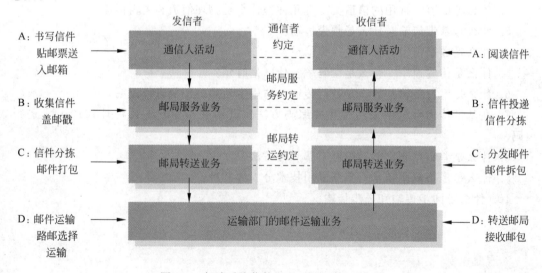

图 3.1　邮政系统信件发送、接收过程示意图

在如图 3.1 所示的邮政系统中,将发信端和收信端从上到下分为 A、B、C、D 4 个层次。

1. 发送端(发信者)

A 层：发信者的活动是，写好信，按邮政系统用户间约定的书写格式书写信封；之后，将信的内容封装在信封里；然后贴好邮票投递至邮政系统规定的位置(邮箱或邮局)中。

B 层：邮局的活动是，邮递员负责采集信件，邮局工作人员对各路邮递员采集到的所有信件进行处理(分拣、盖戳)，并按照邮局服务部门约定的格式打包，书写这个包的标签；并将本地邮局的邮包送到邮局的转运部门。

C 层：邮局转运部门的活动是，按照运输出邮局转运部门的约定，将各个邮局送来的邮包，按照地点要求包装成更大的、适于运输部门要求的大邮包；再按照要求，加上大邮包的标签，并将大邮包发送到运输部门。

D 层：A 所在地的运输部门收到本地区邮局转运部门的邮包后，会为其选择路径，例如，为航空邮包选择航线，为铁路运输的邮包选择列车车次等；之后，按照选定的运输线路的约定，进一步进行包装和书写包装的标签；最后，将再次封装后的运输大包发送到选定的地点 B 所在地的运输部门，进入实际的运输过程。

在发信端，是按照从上而下，即 A-B-C-D 次序进行处理的。在每一层，都是按照本层和下层联系的要求，依次封装成新的邮包，并加入本层特有的标签；之后，再传递到下一层指定的位置。

2. 接收端(收信者)

D 层：收信人所在地的运输部门，收到 A 运输来的邮包后，会根据邮包标签的信息，将含有收件人信件的邮包分离出来，发送到本地区的邮局转运部门。

C 层：收件人所在地的邮局转运部门任务是，拆开收到的邮包，根据标签的信息进行分拣，为各个信件选择适合的本地邮局；最后，将含有信件的邮包转发到收件人的本地邮局。

B 层：收件邮局的任务是，打开收到的所有邮包，进行分拣，按照信封的收件人地址分拣给负责管辖片区的邮递员；邮递员再将信件投递到指定的位置，如家中或邮箱中。

A 层：取信者的任务是，按邮局规定的取信方式和位置，取回自己的信件；拆开发信人发过来的信封，阅读信件的内容。

在接收端，是按照从下往上，即 D-C-B-A 次序进行处理。在每一层，都是依次拆封收到的包装，完成本层应当完成的任务，并根据每层特有的标签信息，再传递到上一层指定的位置，最终到达收信人手中。

通过邮政系统的运输过程，总结出系统分层的特点如下。

(1) 不同对象划分相同的层数；

(2) 按完成的任务划分层次；

(3) 上下层间进行直接联系；

(4) 不同对象的同等层按照双方约定进行间接(直接)联系。

3.1.2 计算机网络体系结构的基本知识

1. 网络层次

计算机网络是将独立的计算机及其终端设备等实体通过通信线路连接起来的复杂系统。为了实现彼此间的通信，采用的基本方法是针对计算机网络所执行的各种功能，设计出一种网络系统结构层次模型，这个层次模型包括两个方面的内容：一是将网络功能分解为许多层次,在每个功能层次中,通信双方必须共同遵守许多约定和规程,以免混乱;二是层次之间逐层过渡,前一层次做好进入下一层次的准备工作。这个层次之间逐层过渡可以用硬件来完成,也可以采用软件方式实现。

采用层次结构的目的是使各厂家在研制计算机网络系统时有一个共同遵守的标准。

2. 网络分层结构

计算机之间相互通信涉及许多复杂的技术问题,而解决这一复杂问题十分有效的方法是分层解决。为此,人们把网络通信的复杂过程抽象成一种层次结构模型,如图3.2所示。

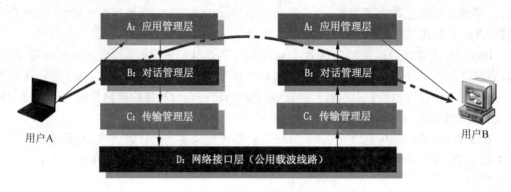

图 3.2　层次结构模式工作图

1）分层

分层体现了"分工合作"的思想。"分工"是指一个任务分解成若干层而各层独立地分别实施。每一层只需要关心自己所需要做的工作。例如,发信者 A 只负责按事先约定的格式来书写,接收者 B 负责阅读信函内容;邮局层负责对信函的分拣、包装、发送、投递;运输层则负责将信函从一地运输到另一地。"合作"体现在除本层的工作外,其余的工作均由下层提供的"服务"来完成。整个网络通信系统,按逻辑功能分解到若干层次中。每一层均规定了本层要实现的功能。这种设计分析方法称为"结构化"的设计方法,要求各层次相对独立、界限分明,以便网络的硬件和软件分别去实现。

2）服务

下层向上层提供"服务",上层使用下层的"服务",同时又为更高一层提供自己的"服务"。例如,发信者只关心信函如何表述,至于信件如何投递则由邮局提供的服务去完成。同样,邮包在运输中可能经过多个转运站转接,也可能使用不同的交通工具。但这些邮局均无须考虑,而交给运输部门去负责操作。由此可以看出,尽管每一层都设计了各自的功能,但各层功能之间是相互关联的。这里充分体现了"合作"的含义。

3）接口

接口是同一节点内相邻层之间交换信息的连接点。低层向高层通过接口提供服务,而低层服务的实现细节对上层屏蔽。这样一来,只要接口不变,低层功能就不会改变。接口可以比喻为邮政系统中的邮箱。

4）对等实体

每一层次中包括两个实体,称为对等实体。例如,邮政系统中的两个通信者、两个邮局、两个运输部门可以比喻为对等实体。

5) 数据单元

当数据传输时,通常将较大的数据块分割成较小的数据单元,并在每一段数据上附加一些信息。这些数据单元及其附加的信息在一起被称为"数据单元"。其中附加的信息通常是序号、地址及校验码等。

3. 通信规则约定

从以上邮政通信过程与网络通信过程分析可知,在一定意义上,它们两者的信息传递过程有很多相似之处。

(1) 邮政通信与网络通信两个系统都是层次结构,可等价成 4 层结构的系统。

(2) 不同的层次有不同的功能任务,但相邻层的功能动作密切相关。

(3) 在邮政通信系统中,写信人要根据对方熟悉的语言,确定用哪种语言;在书写信封时,国家不同规定也不同。

(4) 计算机网络系统中,必须规定双方之间通信的数据格式、编码、信号形式;要对发送请求、执行动作及返回应答予以解释;事件处理顺序和排序。

如果网络结构模型分成 n 层,通常将第 n 层的对等实体之间进行通信时所遵守的协议称为第 n 层协议。

4. 网络体系结构

计算机网络体系结构由系统、实体、层次和协议组成。

(1) 系统:计算机网络构成的系统通常是包括一个或多个实体的具有信息处理和通信功能的物理整体。

(2) 实体:在网络分层体系结构中,每一层都由一些实体组成。在一个计算机系统中,能完成某一特定功能的进程或程序都可称为一个逻辑实体。

(3) 层次:人们对复杂问题的一种处理方法。通常将系统中能提供某种或某类型服务功能的逻辑构造称为层。

(4) 协议:协议是一种通信的约定。例如,在邮政的通信系统中,对写信的格式、信封的标准和书写格式、信件打包,以及邮包封面格式等都要进行实现的约定。

计算机网络协议定义是指控制两个(或多个)对等实体进行通信的规则的集合。协议主要由以下三个要素组成。

① 语法。规定如何进行通信,即对通信双方采用的数据格式、编码等进行定义。

② 语义。规定用于协调双方动作的信息及其含义,它是发出的命令请求、完成的动作和返回的响应组成的集合,即对发出的请求、执行的动作以及对方的应答做出解释。

③ 时序。规定事件实现顺序的详细说明,即确定通信状态的变化和过程,例如通信双方的应答关系、是采用同步传输还是异步传输等。

由此可见,计算机网络体系结构是系统、实体、层次、协议的集合,是计算机网络及其部件所应完成功能的精确定义。

5. 计算机网络体系结构的特点

1) 各层之间相互独立

某一层只需知道如何通过接口(界面)向下一层提出服务请求,并使用下层提供的服务,并不需要了解下层执行时的细节。

2) 结构上独立分割

由于各层独立分层,因此,每层都可以选择最合适的实现技术。

3) 灵活性好

如果某一层发生变化,只要层的接口条件不变,则以上各层和以下各层的工作均不受影响,这样,有利于技术进步和模型的修改。例如,结构中的某一层服务不再需要时,可以取消这层的服务;而需要增加功能时,可以随时添加,并不影响其他层。

4) 易于实现和维护

由于整个系统被分割为多个容易实现和维护的小部分,因此,使得整个庞大而复杂的系统变得容易实现、管理和维护。

5) 有益于标准化的实现

由于每一层都有明确的定义,即功能和所提供的服务都很确切,因此,十分利于标准化的实施。

3.2　OSI 参考模型

3.2.1　OSI 参考模型

1. OSI 参考模型概述

OSI 是 Open System Interconnection 的缩写,意为开放式系统互连参考模型。在 OSI 出现之前,计算机网络中存在众多的体系结构,其中以 IBM 公司的 SNA 和 DEC 公司的数字网络体系结构最为著名。

为了解决不同体系结构的网络互联问题,国际标准化组 ISO 于 1981 年制定了开放系统互连参考模型(OSI/RM),并且最终将其开放成全球性的网络结构模型。

OSI/RM 标准为连接分布式应用处理的"开放"系统提供了基础。"开放"这个词表示能使任何两个遵守参考模型和有关标准的系统都具备互联的能力。

2. 标准化组织

1) ISO

国际标准化组织(International Standards Organization,ISO)创始于 1946 年,是由美国国家标准组织 ANSI(American National Standards Institute)及其他各国的国家标准组织的代表组成的。

2) IEEE

电气和电子工程师协会(Institute of Electrical and Electronics Engineers,IEEE)是由来自一百五十多个国家的科学、技术和教育界成员组成的专业委员会,制定了许多网络标准,著名的有局域网 IEEE 802 标准。

3) ITU

国际电信联盟(International Telecommunication Union,ITU)是一个协商机构,属于联合国管辖。ITU 组织的历史可以追溯到最早的 CCIT 和 CCIF 两个有关电报和电话委员会,这两个委员会在 1956 年合并为 CCITT(International Telegraph and Telephone Consulative Committee,国际电报电话咨询委员会),1993 年又改名为 ITU。ITU 制定电信网的有关标准。

4) ARPA

美国国防部高级研究计划局(Advanced Research Projects Agency, ARPA)成立于
1958年,主要研究不同类型计算机网络之间的互联问题。例如,成功地开发出著名的 TCP/
IP,它是 ARPAnet(阿帕网)结构的一部分,提供了连接不同厂家计算机主机的通信协议。

5) EIA

电子工业协会(Electronic Industries Associate, EIA)创建于1924年,主要从事与 OSI
模型中物理层有关的标准制定工作,其 RS-232C 是一个应用于 DTE(数据终端设备)与
DCE(数据通信设备)之间的串行接口标准。通信工业协会(Telecommunications Industry
Association, TIA)是 EIA 内部独立机构,负责通信和综合布线的标准制定。

3. OSI 参考模型的层次体系结构

OSI/RM 将整个网络按照功能划分成7个层次,如图3.3所示。

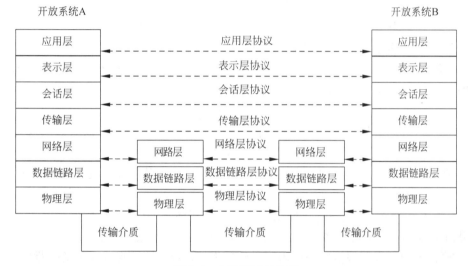

图 3.3　OSI/RM 结构图

OSI/RM 的最高层为应用层,面向用户提供应用服务;最低层为物理层,连接通信媒体
实现数据传输。层与层之间的联系是通过各层之间的接口来进行的,上层通过接口向下层
提出服务请求,而下层通过接口向上层提供服务。两个用户计算机通过网络进行通信时,除
物理层之外,其余各对等层之间均不存在直接的通信关系,而是通过各对等层的协议来进行
通信。例如,两个对等的网络层使用网络层协议通信,只有两个物理层之间才通过传输介质
进行真正的数据通信。

OSI 参考模型是一个在制定标准时所使用的概念性框架,没有确切地描述用于各层的
协议和服务,也没有提供一个可以实现的方法,它仅告诉我们每一层应该做什么,但其本身
不含网络体系结构的全部内容。不过,ISO 已为各层制定了标准,但它不是参考模型的一部
分,而是作为独立的国际标准公布的。

4. OSI/RM 各层的主要功能

(1) 物理层:定义了为建立、维护和拆除物理链路所需的机械的、电气的、功能的和规
程的特性,其作用是使原始的数据比特流能在物理媒体上传输。具体涉及接插件的规格、

"0""1"信号的电平表示、收发双方的协调等内容。

（2）数据链路层：比特流被组织成数据链路协议数据单元（帧）进行传输，实现二进制正确的传输。将不可靠的物理链路改造成对网络层来说无差错的数据链路。数据链路层还要协调收发双方的数据传输速率，即进行流量控制，以防止接收方因来不及处理发送方来的高速数据而导致缓冲器溢出及线路阻塞。

（3）网络层：数据以网络协议数据单元（分组）为单位进行传输。主要解决如何使数据分组跨越各个子网从源地址传送到目的地址的问题，这就需要在通信子网中进行路由选择。另外，为避免通信子网中出现过多的分组而造成网络阻塞，需要对流入的分组数量进行控制。当分组要跨越多个通信子网才能到达目的地时，还要解决网际互联的问题。

（4）传输层（Transport Layer）：传输层的主要任务是完成同处于资源子网中的源主机和目的主机之间的连接和数据传输，具体功能如下。

① 为高层数据传输建立、维护和拆除传输连接，实现透明的端到端数据传送。

② 提供端到端的错误恢复和流量控制。

③ 信息分段与合并，将高层传递的大段数据分段形成传输层报文。

④ 考虑复用多条网络连接，提高数据传输的吞吐量。

（5）会话层：会话层的主要任务是实现会话进程间通信的管理和同步，允许不同机器上的用户建立会话关系，允许进行类似传输层的普通数据的传输。会话层的具体功能如下。

① 提供进程间会话连接的建立、维持和中止功能，可以提供单方向会话或双向同时进行会话。

② 在数据流中插入适当的同步点，当发生差错时，可以从同步点重新进行会话，而不需要重新发送全部数据。

（6）表示层：表示层的主要任务是完成语法格式转换，在计算机所处理的数据格式与网络传输所需要的数据格式之间进行转换。表示层的具体功能如下：

① 语法变换。表示层接收到应用层传递过来的以某种语法形式表示的数据之后，将其转变为适合在网络实体之间传送的以公共语法表示的数据。具体包括数据格式转换；字符集转换；图形、文字、声音的表示；数据压缩与恢复；数据加密与解密；协议转换等。

② 选择并与接收方确认采用的公共语法类型。

③ 表示层对等实体之间连接的建立、数据传输和连接释放。

（7）应用层：应用层是 OSI 模型的最高层，是计算机网络与用户之间的界面，由若干个应用进程（或程序）组成，包括目录服务、电子邮件、文件传输、作业传送和操作、虚拟终端等应用程序。

① 目录服务。记录网络对象的各种信息，提供网络服务对象名字到网络地址之间的转换和查询功能。

② 电子邮件。提供不同用户间的信件传递服务，自动为用户建立邮箱来管理信件。

③ 文件传输。包括文件传送、文件存取访问和文件管理功能。

④ 作业传送和操作。将作业从一个开放系统传送到另一个开放系统去执行；对作业所需的输入数据进行定义；将作业的结果输出到任意系统；对作业进行监控等。

⑤ 虚拟终端。将各种类型实际终端的功能一般化、标准化后得到的终端类型。

5. OSI 数据传输过程

在 OSI 中,数据传输的源点和终点要具备 OSI 参考模型中的 7 层功能,图 3.4 表示系统 A 与系统 B 通信时数据传输的过程。

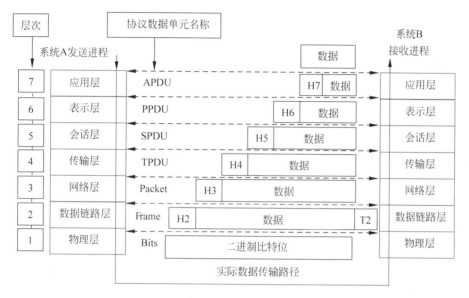

图 3.4　参考模型中的数据传输过程

所谓数据单元是指各层传输数据的最小单位,是指各个层次对等实体之间交换的数据单元的名称。所谓协议数据单元(PDU)就是对等实体之间通过协议传送的数据。应用层的协议数据单元为 APDU(Application Protocol Data Unit),表示层的用户数据单元为 PPDU,以此类推。网络层的协议数据单元,通常称为分组或数据包(Packet),数据链路层是数据帧(Frame),物理层是比特。图 3.4 中自上而下的实线表示的是数据的实际传送过程。发送进程需要发送某些数据到达目标系统的接收进程,数据首先要经过本系统的应用层,应用层在用户数据前面加上自己的标识信息(H7),叫作头信息。H7 加上用户数据一起传送到表示层,作为表示层的数据部分,表示层并不知道哪些是原始用户数据、哪些是 H7,而是把它们当作一个整体对待。同样,表示层也在数据部分前面加上自己的头信息 H6,传送到会话层,并作为会话层的数据部分。这个过程一直进行到数据链路层,数据链路层除了增加头信息 H2 以外,还要增加一个尾信息 T2,然后整个作为数据部分传送到物理层。物理层不再增加头(尾)信息,而是直接将二进制数据通过物理介质发送到目的节点的物理层。目的节点的物理层收到该数据后,逐层上传到接收进程,其中数据链路层负责去掉 H2 和 T2,网络层负责去掉 H3,一直到应用层去掉 H7,把最原始的用户数据传递给了接收进程。

这个在发送节点自上而下逐层增加头(尾)信息,而在目的节点又自下而上逐层去掉头(尾)信息的过程叫作封装(Encapsulation),封装是在网络通信中很常用的手段。协议数据单元主要用于描述同一层次中的对等实体之间的虚连接,如图 3.4 中的横向带箭头虚线所示。纵向传输的数据用接口数据单元(IDU)表示。接口数据单元指相邻层次之间通过接口传递的数据,它分为两部分,即接口控制信息和服务数据单元。其中,接口控制信息只在接口局部有效,不会随数据一起传递下去,而服务数据单元,是真正提供服务的有效数据,它的

计算机网络体系结构与协议

内容基本上与协议数据单元一致。用简单的公式表示就是：接口数据单元＝控制信息＋服务数据单元。不妨将控制信息、服务数据单元与编程语言里面的局部变量和全局变量做类比。接口数据单元的控制信息就好比局部变量，只在特定的某两层接口有效，如第 2、3 层接口的控制信息与第 3、4 层接口的控制信息完全不同；服务数据单元就好比全局变量，从应用层到物理层一直传递下去，而且每层都要加一些自己的内容进去。服务数据单元与协议数据单元的关系是怎样的呢？服务数据单元是用于层与层接口的概念，而协议数据单元用于描述同一层次对等实体之间交换的数据，是一个逻辑上的概念，实际上，第 N 层的协议数据单元要作为 N 层与 $N-1$ 层接口的服务数据单元传递给 $N-1$ 层。

3.2.2 物理层

物理层(Physical Layer)是工作在 OSI/RM 中的最低层，它的主要任务是确定如何利用传输介质传输二进进制的比特信号。它的功能主要包括三个方面：一是完成物理链路连接的建立、维持与释放；二是传输物理服务数据单元；三是进行物理层管理。但是，物理层并不是指连接计算机具体的传输介质。网络中使用的传输介质是多种多样的，物理层正是要使得数据链路层在一条物理传输介质上，可以透明地传输各种数据的比特流，而完全感觉不到这些介质的差异。

1. 物理层的规程特性

物理层的协议被统称为物理层的"规程"。物理接口标准定义了物理层与物理传输介质之间的边界与接口。物理接口的 4 个特性是：机械特性、电气特性、功能特性与规程特性。

1）机械特性

物理层的机械特性规定了物理连接时所使用可接插连接器的形状和尺寸、连接器中引脚的数量与排列情况等。例如，常用的 EIA RS-232C 接线器有 25 插脚、V.35 宽带 Modem 连接器有 34 插脚。

2）电气特性

物理层的电气特性规定了在接口电缆的各条线上出现的电压的高低、阻抗及阻抗匹配、传输速率与距离限制等。例如，10BASE-T 传输曼彻斯特编码信号时，代表数字 1 或 0 的具体电压值，以及单段的最大距离为 100m。

3）功能特性

物理层的功能特性主要定义各条物理线路的功能，即确定接口及引脚信号的意义。引脚线路的功能类型主要包含数据、控制、定时和接地。

4）规程特性

指明利用接口传输比特流的全过程及各项用于传输的事件发生的合法顺序，包括事件的执行顺序和数据传输方式，即在物理连接建立、维持和交换信息时，DTE/DCE 双方在各自电路上的动作序列。

2. 物理层的协议

各标准化组织会制定与自己标准有关的应用协议。

(1) 美国电子工业协议(EIA)：RS-232、RS-422、RS-423 和 RS-485 等，如计算机串口。

(2) IEEE 802：IEEE 802.3 和 IEEE 802.5 等局域网的物理层规范，例如，IEEE 802.3 组织制定出以太网的物理层的接口协议；IEEE 802.5 组织制定出令牌环状网的 MAC 子层和物理层的规范。

（3）国际电报电话咨询委员会（CCITT）：X.2 等。X.25 定义终端和计算机到分组交换网络的连接。

3. 物理层的特点

（1）由于在 OSI 之前，许多物理规程或协议已经制定出来了，而且在数据通信领域中，这些物理规程已被许多商品化的设备所采用，加之，物理层协议涉及的范围广泛，所以至今没有按 OSI 的抽象模型制定一套新的物理层协议，而是沿用已存在的物理规程，将物理层确定为描述与传输媒体接口的机械、电气、功能和规程特性。

（2）由于物理连接的方式很多，传输媒体的种类也很多，因此，具体的物理协议相当复杂。在计算机网络的传输技术中，首先解决的就是物理层的连接问题。

4. 物理层的互连设备

工作在物理层的设备主要有收发器、中继器、集线器（Hub），以及无线接入点 AP 等，它们都工作在 OSI 模型的物理层。

物理层设备在网络中主要用于：延长传输距离、增加网络节点数目、进行不同介质的网络间的连接，以及组建局域网。

5. 物理层的传输介质

物理层涉及的部件很多，主要有传输介质、介质连接器、各类转换器部件，如 RJ-45、AUI 等；在物理层的部件中最重要的是传输介质。它是网络中信息传输的媒体，也是网络通信的物质基础之一。传输介质的性能特点对传输速率、通信的距离、可连接的网络节点数目和数据传输的可靠性等均有很大的影响。传输介质与物理层的各种协议密切相关。

目前，网络中用的传输介质通常为有线传输介质和无线传输介质两类。有线传输介质又称为"约束"介质，无线传输介质又称为"自由"介质。有线传输介质有双绞线、同轴电缆和光导纤维。无线传输介质主要有微波、红外线、卫星等。

3.2.3　数据链路层

数据链路层（Data-link Layer）是 OSI 模型中极其重要的一层，它把从物理层来的原始数据打包成帧。帧是放置数据的、逻辑的、结构化的包。数据链路层负责帧在计算机之间的无差错传递。数据链路层是 OSI 参考模型的第二层，它介于物理层与网络层之间。设立数据链路层的主要目的是将一条原始的、有差错的物理线路变为对网络层无差错的数据链路。为了实现这个目的，数据链路层必须执行链路管理、帧传输、流量控制、差错控制等功能。

在 OSI 参考模型中，数据链路层在物理层提供的服务的基础上向网络层提供服务，其最基本的服务是将源自网络层来的数据可靠地传输到相邻节点的目标机网络层。为达到这一目的，数据链路必须具备一系列相应的功能，主要有：如何将数据组合成数据块，在数据链路层中称这种数据块为帧（Frame），帧是数据链路层的传送单位；如何控制帧在物理信道上的传输，包括如何处理传输差错，如何调节发送速率以使其与接收方相匹配；以及在两个网络实体之间提供数据链路通路的建立、维持和释放的管理。

1. 数据链路控制协议

数据链路控制协议也称链路通信规程，也就是 OSI 参考模型中的数据链路层协议。链路控制协议可分为异步协议和同步协议两大类。

1) 异步协议

异步协议是以字符为单位的信息传输,在每个字符的起始处开始对字符内的比特实现同步,但字符与字符之间的间隔时间是不固定的(即字符之间是异步的)。由于发送器和接收器中近似于同一频率的两个约定时钟,能够在一段较短的时间内保持同步,所以可以用字符起始处同步的时钟来采样该字符中的各比特,而不需要每个比特同步。异步协议中因为每个传输字符都要添加诸如起始位、校验位及停止位等冗余位,故信道利用率很低,一般用于数据速率较低的场合。

2) 同步协议

同步协议是以许多字符或许多比特组织成的数据块——帧为传输单位,在帧的起始处同步,使帧内维持固定的时钟。实际上该固定时钟是发送端通过某种技术将其混合在数据中一并发送出去的,供接收端从输入数据中分离出时钟来,实现起来比较复杂,这个功能通常是由调解器来完成。由于采用帧为传输单位,所以同步协议能更有效地利用信道,也便于实现差错控制、流量控制等功能。

2. 差错控制

用以使发送方确定接收方是否正确收到了由它发送的数据信息的方法称为反馈差错控制。通常采用反馈检测和自动重发请求(ARQ)两种基本方法实现。

(1) 反馈检测法:也称回送校验或"回声"法,主要用于面向字符的异步传输中,如终端与远程计算机间的通信,这是一种无须使用任何特殊代码的错误检测法。双方进行数据传输时,接收方将接收到的数据(可以是一个字符,也可以是一帧)重新发回发送方,由发送方检查是否与原始数据完全相符。若不相符,则发送方发送一个控制字符(如 DEL)通知接收方删去出错的数据,并重新发送该数据;若相符,则不发送数据。反馈检测法原理简单,实现容易,也有较高的可靠性,但是,每个数据均被传输两次,信道利用率很低。一般地,在面向字符的异步传输中,信道效率并不是主要的,所以这种差错控制方法仍被广泛使用。

(2) 自动重发请求法(ARQ法):实用的差错控制方法,应该既要传输可靠性高,又要信道利用率高。为此让发送方将要发送的数据帧附加一定的冗余检错码一并发送,接收方则根据检错码对数据帧进行错误检测,若发现错误,就返回请求重发,发送方收到请求重发的应答后,便重新传送该数据帧。这种差错控制方法就称为自动请求法(Automatic Repeat reQuest),简称 ARQ 法。ARQ 法仅返回很少的控制信息,便可有效地确认所发数据帧是否被正确接收。

3. 流量控制

流量控制涉及链路上字符或帧的传输速率的控制,以使接收方在接收前有足够的缓冲存储空间来接收每一个字符或帧。例如,在面向字符的终端——计算机链路中,若远程计算机为许多台终端服务,它就有可能因不能在高峰时按预定速率传输全部字符而暂时过载。同样地,在面向帧的自动重发请求系统中,当待确认帧数量增加时,有可能超出缓冲器存储容量,也造成过载。

4. 数据链路层的设备

在数据链路层的应用中,常用的设备有网卡、网桥和第二层交换机。由于调制解调器的基本功能属于物理层,虽然某些功能属于数据链路层,但常常被认为是物理层的设备,因此,对于调制解调器归属于物理层还是数据链路层还存在争议。

3.2.4 网络层

网络层(Network Layer)是 OSI 参考模型中的第三层,介于传输层和数据链路层之间,它在数据链路层提供的两个相邻端点之间的数据帧的传送功能上,进一步管理网络中的数据通信,将数据设法从源端经过若干个中间节点传送到目的端,从而向运输层提供最基本的端到端的数据传送服务。

1. 网络层基本功能

数据以网络协议数据单元(分组)为单位进行传输。主要解决如何使数据分组跨越各个子网从源地址传送到目的地址的问题,这就需要在通信子网中进行路由选择。另外,为避免通信子网中出现过多的分组而造成网络阻塞,需要对流入的分组数量进行控制。当分组要跨越多个通信子网才能到达目的地时,还要解决网际互联的问题。因此,网络层的主要功能如下。

(1) 网络联接。

网络层为两个端点在一个通信子网内建立网络联接,实现端-端通路的连接、维持和拆除。

(2) 路由选择。

通信子网中两个端点之间可能存在多条端-端通路。网络层必须要能确定一条最佳的端-端通路。为此路由选择定义为:根据选定的原则与路由算法,在多节点、多路径的通信子网中选择一条最佳路径,即称为路由选择。如依据最短路径的规则选择最佳路径。路由算法是指确定路由选择的策略。网络中的某一种路由算法会考虑多种因素中的一种或几种,如选择路径、响应时间、带宽、距离、网络拓扑结构等。

(3) 网络流量控制。

通过对网络数据流量的控制和管理,达到提高通信子网传输效率,避免拥塞和死锁的目的。

(4) 拥塞控制。

拥塞是指到达通信子网中某一部分的分组数量过多,使得该部分网络来不及处理,以致引起这部分乃至整个网络性能下降的现象。最严重时会导致网络通信业务陷入停顿,使整个网络陷入瘫痪状态,称为"死锁"。因此,拥塞控制是为了防止网络性能下降或通信业务陷入停顿,避免死锁。

(5) 数据传输控制。

网络层的传输数据单元是分组。网络层对数据的传输控制包括报文分组、差错控制和流量控制等。

报文分组是指将用户的报文存储在交换机的存储器中。当所需要的输出路径空闲时,再将该报文发向接收的中间节点,它以"存储—转发"方式在网内传输数据。

2. 网络层的互联设备

在网络层的应用中,最常见的是路由器和第三层交换机。

3. 网络层的协议

网络层中主要包含的协议如下。

(1) IP(网际协议):其任务是为 IP 数据包进行寻址和路由,它使用 IP 地址确定收发端,并将数据包从一个网络转发到另一个网络。

(2) ICMP(网际控制报文协议):它是 TCP/IP 协议族的一个子协议,用于在 IP 主机、路由器之间传递控制消息,并为 IP 协议提供差错报告。控制消息是指网络通不通、主机是否可达、路由是否可用等网络本身的消息。

(3) ARP(地址解析协议):用于完成 IP 地址向物理地址的转换,这种转换又被称为"映射"。

(4) RARP(逆向地址解析协议):用来完成物理地址到 IP 地址的转换或映射功能。

3.2.5 传输层

在 OSI 参考模型中,常常把 1～3 层称为低层,主要完成通信子网的功能,是面向数据通信的;5～7 层称为高层,由主机中的进程完成应用程序的功能,是面向数据处理的;而第4 层传输层(Transport Layer)正位于低层与高层之间,起着承上启下的作用。

1. 传输层的功能

传输层的主要任务是完成同处于资源子网中的源主机和目的主机之间的连接和数据传输,具体功能如下。

(1) 为高层数据传输建立、维护和拆除传输连接,实现透明的端到端数据传送。

(2) 提供端到端的错误恢复和流量控制。

(3) 信息分段与合并,将高层传递的大段数据分段形成传输层报文。

(4) 考虑复用多条网络连接,提高数据传输的吞吐量。

传输层主要关心的问题是建立、维护和中断虚电路、传输差错校验和恢复以及信息流量控制等。它提供"面向连接"(虚电路)和"无连接"(数据报)两种服务。

2. 传输层协议

目的网络大都是应用 TCP/IP 的网络,因此,传输层的协议通常是指 TCP 和 UDP。而TCP/IP 网络传输层的主要作用是在 IP 层服务的基础上,提供端到端的应用程序间的可靠或不可靠的服务。

1) TCP 传输控制协议

TCP 是面向连接的、可靠性高、提供流量与拥塞控制的传输层协议。在计算机网络应用层中,很多重要服务协议,以及网络资源共享所依赖的都是 TCP;因此,TCP 是一个用来实现端到端计算机间通信的必不可少的重要协议。

(1) TCP 的功能。

TCP 不仅能够保证相同计算机系统之间、相同计算机网络系统之间信息的可靠传输,还可以实现不同计算机系统之间、不同计算机网络系统之间信息的可靠传输。

(2) TCP 连接与服务。

在 TCP 中,任何两个使用 TCP 进行通信的对等实体间的每一次通信,都会经历建立连接、数据传输和终止连接三个阶段。TCP 通过"三次握手"机制来建立客户端与服务器端之间的每一次可靠连接。三次握手是指客户端与服务器之间在发送数据前的确认过程;三次握手完成后,客户端就会开始与服务器之间的数据传输。

2) UDP 用户数据报协议

UDP 是一种面向无连接的、不可靠的、没有流量控制的传输层协议。

（1）UDP 的功能。

UDP 是一个简单的面向数据包的传输层协议；主要用于传输小型的数据文件及短消息等的通信，如互联网中的 QQ 聊天使用的就是 UDP 传输机制。

（2）UDP 连接与服务。

UDP 提供的是传输速度不快、不可靠的、面向非连接的传输服务。

3.2.6　会话层

会话层（Session Layer）的主要任务是实现会话进程间通信的管理和同步，允许不同机器上的用户建立会话关系，允许进行类似传输层的普通数据的传输。会话层的具体功能是：提供进程间会话连接的建立、维持和中止功能，可以提供单方向会话或双向同时进行会话；在数据流中插入适当的同步点，当发生差错时，可以从同步点重新进行会话，而不需要重新发送全部数据。

会话层是 OSI 环境中面向进程的核心，它利用传输层提供的传输服务，向表示层提供会话服务。会话是在应用进程之间交换信息而按一定规则建立起来的一个暂时联系。会话层通过对两个会话用户间的数据流进行方向的控制，并且通过增强传输数据流的结构性的手段提供服务。通过令牌可以控制数据传输的方向；通过将会话划分为一些活动，再将活动划分为会话单元来增强数据流的结构性。

1. 会话连接管理

会话是指在两个会话用户（表示实体）之间建立的一个会话连接。一个会话持续时间表示实体由请求建立会话连接到会话释放的整个时间。会话连接将映射到传输连接上，通过传输连接来实现会话。会话连接与传输连接的关系可以是一对一的、多对一的和一对多的。会话连接管理包括会话连接的建立、维持和释放、会话连接建立阶段，可对服务质量和对话模式进行协商选择。会话连接维持阶段，可进行数据和控制信息的交换。会话连接释放阶段，可通过"有序释放"会话连接，而不会产生数据丢失。

2. 会话活动服务

一个会话连接可能持续很长一段时间，会话层将一个会话连接分成几个会话活动，每一个会话活动代表一次独立的数据传送，即一个逻辑工作段。一个会话活动又由若干对话单元组成，每个对话单元用主同步点表示开始，又用另一个主同步点表示结束，如图 3.5 所示。一个会话活动中，若出现传输连接故障时，可在出现故障的前一个同步点进行重复，而不需要将会话中已正确传输的数据全部重复传输一遍。会话同步服务允许会话用户在传送的数据中自由设置同步点。同步点有主同步点与次同步点之分，都用序号来识别。

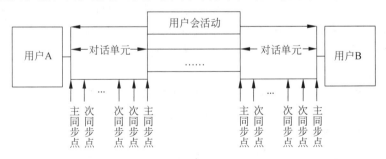

图 3.5　用户会话活动、对话单元和同步点的关系

计算机网络体系结构与协议

3. 会话交互管理

会话层内存在多个用户交互,为了保证交互有序进行,会话层使用权标进行统一管理,拥有权标的用户才能调用相关的会话服务。会话层共设置了 4 种权标。

(1) 数据权标:在单工或半双工情况下,持有数据权标的用户拥有发送数据权。全双工工作方式下,不用数据权标。

(2) 释放权标:持有释放权标的用户拥有释放会话连接的权力。

(3) 次同步权标:持有该权标的用户,可以设置次同步点。

(4) 主同步权标:持有该权标的用户,可以设置主同步点。

3.2.7 表示层

表示层(Presentation Layer)位于 OSI 模型的第 6 层,它的主要作用之一是为异种机通信提供一种公共语言,以便能进行互操作。这种类型的服务之所以需要,是因为不同的计算机体系结构使用的数据表示法不同。与第 5 层提供透明的数据传输不同,表示层是处理所有与数据表示及传输有关的问题,包括转换、加密和压缩。每台计算机可能有它自己的表示数据的内部方法,例如,ASCII 码与 EBCDIC 码,所以需要表示层协定来保证不同的计算机可以彼此理解。

例如,IBM 主机使用 EBCDIC 编码,而大部分 PC 使用的是 ASCII 码。在这种情况下,便需要表示层来完成这种转换。表示层为应用层提供的服务有以下三项内容。

1. 语法转换

将抽象语法转换成传送语法,并在对方实现相反的转换(即将传送语法转换成抽象语法)。涉及的内容有代码转换、字符转换、数据格式的修改,以及对数据结构操作的适应、数据压缩、加密等。

2. 语法协商

根据应用层的要求协商选用合适的上下文,即确定传送语法并传送。

3. 连接管理

包括利用会话层服务建立表示连接,管理在这个连接之上的数据传输和同步控制(利用会话层相应的服务),以及正常地或异常地终止这个连接。

3.2.8 应用层

应用层(Application Layer)位于 OSI 模型的第 7 层,即最高层,是直接为用户提供各种应用程序接口,从而使用户的应用程序能够使用网络或系统的资源,并接受网络服务。用户正是通过操作系统的各种应用程序来访问网络资源及使用网络服务的,如 Linux 主机上的用户通过 FTP 程序可直接访问到微软 FTP 服务器上的文件资源。

1. 应用层服务

应用层是系统中各种应用进程利用 OSI 或 TCP/IP 模型的接口。在计算机或网络系统环境中,用户通过应用层的各种实体、协议与表示层交换信息,并使用其提供的直接服务。

2. 应用层常用的协议

应用层常用的协议有超文本传输协议(HTTP)、文件传输协议(FTP)、远程登录协议(Telnet)、简单邮件传输协议(SMTP)、邮局协议 POP(POP3)、域名服务(DNS)等。

1) 超文本传输协议（HTTP）

HTTP（HyperText Transfer Protocol，超文本传输协议）是用于从 WWW 服务器传输超文本到本地浏览器的传输协议。它可以使浏览器更加高效，使网络传输减少。它不仅保证计算机正确快速地传输超文本文档，还确定传输文档中的哪一部分，以及哪部分内容首先显示（如文本先于图形）等。

HTTP 是客户端浏览器或其他程序与 Web 服务器之间的应用层通信协议。在 Internet 上的 Web 服务器上存放的都是超文本信息，客户机需要通过 HTTP 传输所要访问的超文本信息。HTTP 包含命令和传输信息，不仅可用于 Web 访问，也可以用于其他因特网/内联网应用系统之间的通信，从而实现各类应用资源超媒体访问的集成。

2) 文件传输协议（FTP）

FTP（File Transfer Protocol，文件传输协议）是 TCP/IP 协议组中的协议之一。FTP 包括两个组成部分，其一为 FTP 服务器，其二为 FTP 客户端。其中，FTP 服务器用来存储文件，用户可以使用 FTP 客户端通过 FTP 访问位于 FTP 服务器上的资源。在开发网站的时候，通常利用 FTP 把网页或程序传到 Web 服务器上。此外，由于 FTP 传输效率非常高，在网络上传输大的文件时，一般也采用该协议。

3) 远程登录协议（Telnet）

Telnet 协议是 TCP/IP 协议族中的一员，是 Internet 远程登录服务的标准协议和主要方式。它为用户提供了在本地计算机上完成远程主机工作的能力。在终端使用者的计算机上使用 Telnet 程序，用它连接到服务器。终端使用者可以在 Telnet 程序中输入命令，这些命令会在服务器上运行，就像直接在服务器的控制台上输入一样。可以在本地就能控制服务器。要开始一个 Telnet 会话，必须输入用户名和密码来登录服务器。Telnet 是常用的远程控制 Web 服务器的方法。

4) 简单邮件传输协议（SMTP）

SMTP（Simple Mail Transfer Protocol）即简单邮件传输协议，它是一组用于由源地址到目的地址传送邮件的规则，由它来控制信件的中转方式。SMTP 属于 TCP/IP 协议族，它帮助每台计算机在发送或中转信件时找到下一个目的地。通过 SMTP 所指定的服务器，就可以把 E-mail 寄到收信人的服务器上，整个过程只要几分钟。SMTP 服务器则是遵循 SMTP 的发送邮件服务器，用来发送或中转发出的电子邮件。

5) 邮局协议（POP3）

POP3（Post Office Protocol 3）即邮局协议的第 3 个版本，它是规定个人计算机如何连接到互联网上的邮件服务器进行收发邮件的协议，是因特网电子邮件的第一个离线协议标准。POP3 协议允许用户从服务器上把邮件存储到本地主机（即自己的计算机）上，同时根据客户端的操作删除或保存在邮件服务器上的邮件，POP3 服务器则是遵循 POP3 协议的接收邮件服务器，用来接收电子邮件的。POP3 协议属于 TCP/IP 协议族，主要用于支持使用客户端远程管理在服务器上的电子邮件。

6) 域名服务（DNS）

DNS（Domain Name System）是"域名系统"的英文缩写，是一种组织成域层次结构的计算机和网络服务命名系统，它用于 TCP/IP 网络，主要是用来将用户自己取的主机域名代替枯燥而难记的 IP 地址以定位相应的计算机和相应服务。

3.3 TCP/IP 参考模型

随着 Internet 技术在世界范围内的迅速发展，TCP/IP 得到了广泛的应用。

3.3.1 TCP/IP 参考模型概述

TCP/IP 参考模型是计算机网络的祖父 ARPAnet 和其后继的因特网使用的参考模型。ARPAnet 是由美国国防部 DoD(U. S. Department of Defense)赞助的研究网络。逐渐地它通过租用的电话线连接了数百所大学和政府部门。当无线网络和卫星出现以后，现有的协议在和它们相连的时候出现了问题，所以需要一种新的参考体系结构。这个体系结构在它的两个主要协议出现以后，被称为 TCP/IP 参考模型。

3.3.2 TCP/IP 参考模型的层次与功能

TCP/IP 是一组用于实现网络互联的通信协议。Internet 网络体系结构以 TCP/IP 为核心。基于 TCP/IP 的参考模型将协议分成 4 个层次，分别是：网络接口层、网络互联层、传输层(主机到主机)和应用层，如表 3.1 所示。

表 3.1 TCP/IP 参考模型与各层协议间的关系

应用层	Telnet	FTP	SMTP	HTTP	DNS	SNMP	TFTP
传输层	TCP					UDP	
网络互联层	IP						
	ARP			RARP			
网络接口层	Ethernet		Token Ring		PPP		其他协议

1. 应用层

应用层对应于 OSI 参考模型中的会话层、表示层和应用层，它不仅包括对应 OSI 参考模的高层所有功能，还包括应用程序。为用户提供所需要的各种服务，例如 FTP、Telnet、DNS、SMTP 等。

2. 传输层

传输层对应于 OSI 参考模型的传输层，为应用层实体提供端到端的通信功能，保证了数据包的顺序传送及数据的完整性。该层定义了两个主要的协议：传输控制协议(TCP)和用户数据报协议(UDP)。其功能如下。

(1) TCP(Transmission Control Protocol，传输控制协议)：是一种面向连接的、高可靠性的、提供流量控制与拥塞控制的传输层协议。

(2) UDP(User Datagram Protocol，用户数据报协议)：是一种面向无连接的、不可靠的、没有流量控制的传输层协议。

TCP 提供的是一种可靠的、面向连接的数据传输服务；而 UDP 提供的则是不可靠的、无连接的数据传输服务。

3. 网际互联层

网际互联层对应于 OSI 参考模型的网络层，主要解决主机到主机的通信问题。它所包含的协议设计数据包在整个网络上的逻辑传输。注重重新赋予主机一个 IP 地址来完成对主机的寻址,它还负责数据包在多种网络中的路由。该层有 4 个主要协议:网际协议(IP)、地址解析协议(ARP)、逆向地址解析协议(RARP)和网际控制报文协议(ICMP)。

(1) IP(Internet Protocol,网际协议),是为 IP 数据包进行寻址和路由,它使用 IP 地址确定收发端,并将数据包从一个网络转发到另一个网络。

IP 协议是网际互联层最重要的协议,它提供的是一个不可靠、无连接的数据报传递服务。

(2) ARP(Address Resolution Protocol,地址解析协议):用于完成主机的 IP 地址向物理地址的转换,这种转换也被称为"映射"。

(3) RARP(Reverse Address Resolution Protocol,逆向地址解析协议):用来完成主机的物理地址到 IP 地址的转换或映射功能。

(4) ICMP(Internet Control Message Protocol,网际控制报文协议):用于处理路由、协助 IP 层实现报文传送的控制机制,并为 IP 协议提供差错报告。

在网络上,网络层传输的数据单元为"数据报(分组)",有时也被称为"IP 数据报"。数据报由首部的报头(包含目的节点、源节点的 IP 地址)和数据区组成。

4. 网络接口层

网络接口层(即主机-网络层)与 OSI 参考模型中的物理层和数据链路层相对应。它负责监视数据在主机和网络之间的交换。事实上,TCP/IP 本身并未定义该层的协议,而由参与互联的各网络使用自己的物理层和数据链路层协议,然后与 TCP/IP 的网络接口层进行连接。

网络接口层支持的主要协议有 Ethernet 802.3(以太网)、Token Ring 802.5(令牌环)、PPP(点对点)等。

(1) Ethernet 802.3(以太网):定义了 CSMA/CD(载波侦听与多路访问)总线的介质访问控制子层与物理层标准。

(2) Token Ring 802.5(令牌环):定义了 Token Ring 802.5(令牌环)访问控制子层与物理标准。

(3) PPP(点对点):主要是用来通过拨号或专线方式在两个网络节点之间建立连接、发送数据。PPP 是各类型主机、网桥和路由器之间简单连接的一种解决方案。

3.3.3 OSI 与 TCP/IP 参考模型的比较

OSI 与 TCP/IP 体系结构是网络两个不同标准化组织制定的两个不同的参考模型。OSI 与 TCP/IP 参考模型对照关系如表 3.2 所示。

表 3.2 OSI 与 TCP/IP 参考模型比较

OSI 参考模型	TCP/IP 参考模型	TCP/IP 模型中的协议	TCP/IP 模型各层的作用
应用层	应用层	FTP、 HTTP、 Telnet、POP3、Ping、HTML 等	向用户提供调用和访问网络中各种应用、服务和实用程序接口
表示层			
会话层			
传输层	传输层	TCP、UDP	提供端到端的可靠或不可靠的传输服务,可以实现流量控制、负载均衡

66

OSI 参考模型	TCP/IP 参考模型	TCP/IP 模型中的协议	TCP/IP 模型各层的作用
网络层	网络互连层	IP、ARP、RARP、ICMP	提供逻辑地址和数据的打包(分组),并负责主机之间分组的路由选择
数据链路层	网络接口层	Ethernet、FDDI、ATM、PPP、Token-Bus 等	负责数据的分帧,管理物理层和数据链路层的设备,并负责与各种物理网络之间进行数据传输。使用 MAC 地址访问传输介质、进行错误的检测与修正
物理层			

1. TCP/IP 参考模型特点

(1) TCP/IP 是一个事实上标准的、简化的参考模型。

(2) 不依赖特定的计算机和网络硬件。

(3) 可以在任何操作系统中运行。

(4) 网络接口层不依赖某种网络,支持各种局域网、广域网,广泛用于互联网。

(5) 统一的网络地址分配方案使得 TCP/IP 网络中的各主机或设备都具有唯一的地址。

(6) 事实上的标准化的高层协议,提供了多种可靠的用户服务,如 HTTP、Telnet 等。

2. OSI 与 TCP/IP 参考模型的相同点

(1) OSI 参考模型和 TCP/IP 参考模型都采用了层次结构的概念。

(2) 下层含以下各层向上层提供服务。

(3) 不同节点的对等层按照同层协议的规定进行通信。

(4) 都能够提供面向连接和无连接两种通信服务机制。

(5) 数据流的传输过程是相似的。

3. OSI 与 TCP/IP 参考模型的不同点

(1) OSI 采用的是 7 层模型,而 TCP/IP 是 4 层结构。

(2) TCP/IP 参考模型的网络接口层实际上并没有真正的定义,只是一些概念性的描述。而 OSI 参考模型不仅分了两层,而且每一层的功能都很详尽。

(3) OSI 模型是在协议开发前设计的,具有通用性。TCP/IP 是先有协议簇然后建立模型,不适用于非 TCP/IP 网络。

(4) OSI 参考模型与 TCP/IP 参考模型的传输层功能基本相似,都是负责为用户提供真正的端对端的通信服务,也对高层屏蔽了底层网络的实现细节。所不同的是,TCP/IP 参考模型的传输层是建立在网络互联层基础之上的,而网络互联层只提供无连接的网络服务,所以面向连接的功能完全在 TCP 中实现,当然 TCP/IP 的传输层还提供无连接的服务,如 UDP;相反 OSI 参考模型的传输层是建立在网络层基础之上的,网络层既提供面向连接的服务,又提供无连接的服务,但传输层只提供面向连接的服务。

(5) OSI 参考模型的抽象能力高,适合于描述各种网络;而 TCP/IP 是先有了协议,才制定 TCP/IP 模型的。

(6) OSI 参考模型的概念划分清晰,但过于复杂;而 TCP/IP 参考模型在服务、接口和协议的区别上不清楚,功能描述和实现细节混在一起。

(7) TCP/IP 参考模型的网络接口层并不是真正的一层;OSI 参考模型的缺点是层次

过多,划分意义不大但增加了复杂性。

(8) OSI 参考模型虽然被看好,由于没把握好时机,技术不成熟,实现困难;相反,TCP/IP 参考模型虽然有许多不尽人意的地方,但还是比较成功的。

习　题

一、选择题

1. 计算机网络层次结构模型和各层协议的集合称为_____。
   A. 计算机网络协议　　　　　　　　　B. 计算机网络体系结构
   C. 计算机网络拓扑结构　　　　　　　D. 开放系统互连参考模型

2. 国际标准化组织 ISO 定义的一种国际性计算机网络体系结构标准是_____。
   A. TCP/IP　　　　　B. OSI/RM　　　　　C. SNA　　　　　D. DNA

3. OSI 参考模型的结构划分为 7 个层次,其中下面 4 层为_____。
   A. 物理层、数据链路层、网络层和传输层
   B. 物理层、数据链路层、网络层和会话层
   C. 物理层、数据链路层、表示层和传输层
   D. 物理层、数据链路层、网络层和应用层

4. TCP/IP 参考模型的结构划分为_____层。
   A. 1　　　　　　B. 3　　　　　　C. 4　　　　　　D. 7

5. TCP/IP 参考模型中的传输层包括 TCP 和_____。
   A. IP　　　　　　B. UDP　　　　　C. FTP　　　　　D. HTTP

6. TCP 使用_____进行流量控制。
   A. 三次握手法　　B. 窗口控制机制　　C. 自动重发机制　　D. 端口机制

7. ARP 的功能是_____。
   A. 物理地址向 IP 地址的转换　　　　B. IP 地址向物理地址的转换
   C. 物理地址向域名的转换　　　　　　D. IP 地址向域名的转换

8. OSI 参考模型的最底层和最高层分别是_____。
   A. 物理层,应用层　　　　　　　　　B. 物理层,数据链路层
   C. 应用层,物理层　　　　　　　　　D. 表示层,应用层

9. OSI 参考模型的数据链路层传送的数据单位是_____。
   A. 比特流　　　　B. 数据帧　　　　C. 数据分组　　　　D. 数据报文

10. 通过路由算法为分组选择适当的路径是_____。
    A. 物理层　　　　B. 数据链路层　　　C. 网络层　　　　D. 应用层

二、填空题

1. TCP/IP 分为_____。

2. TCP 数据传输分为三个阶段,即_____、撤除和数据传输。

3. 数据链路层的数据单元是_____,而网络层的数据单元是_____。

4. 在 OSI 模型中,_____、_____和_____称为底三层。

5. 以太网利用_____协议获得目的主机 IP 地址与 MAC 地址的映射关系。

6. 第 N 层对第＿＿＿＿＿＿层提供服务。

7. 在 OSI 参考模型中上下层之间的协议称为＿＿＿＿＿＿。

8. 在 OSI 参考模型中对等层之间通信协议称为＿＿＿＿＿＿。

9. ＿＿＿＿＿＿是通信双方的规约。

10. RARP 是指＿＿＿＿＿＿。

三、简答题

1. OSI 参考模型包括哪些层次？物理层的主要功能是什么？

2. 计算机网络中的协议是什么？

3. TCP/IP 参考模型包括哪些层次？各层的功能是什么？各层包含哪些主要的协议？

4. 简述 OSI 参考模型与 TCP/IP 参考模型的相同点。

5. TCP/IP 参考模型的传输层包含哪两个协议？它们的特点是什么？

6. 叙述 IP 层的作用是什么。

7. 传输层的作用是什么？

8. 比较链路层与网络层的区别。

9. 什么是同层协议？什么是接口协议？

10. 什么是差错控制？有哪几种差错控制检测方法？

第4章 网络互联设备

本章学习目标

- 了解网络接口卡的相关知识
- 了解中继器的相关知识
- 了解集线器的相关知识
- 了解网桥的相关知识
- 掌握交换机的相关知识
- 掌握路由器的相关知识
- 了解网关的相关知识
- 掌握传输介质的相关知识

4.1 网络接口卡

网络接口卡(Network Interface Card,NIC)又称为网络适配器(Network Adapter),简称网卡,是一种网络连接设备,能够使工作站、服务器或其他网络节点通过网络介质接收并发送数据。网卡插在计算机主板的插槽上,负责将用户要传送的数据转换为网络上其他设备能够识别的格式,通过网络介质进行传输。图 4.1 所示为网卡设备。

图 4.1 网卡

4.1.1 网卡的组成与连接

1. 网卡的组成

网卡由 CPU、RAM、ROM 和 I/O 接口等组成。网卡与计算机以并行方式传输信号;而与外部传输介质,则是以串行方式传输信号。由于这两种信号的传输速率并不相同,因此网卡上必须有用于数据存储的缓存芯片。

2. 网卡与 LAN 的连接

网卡通过传输介质的接口连接,如 RJ-45 与双绞线连接,进而与局域网连接。在传输介质中,信号以串行方式传输。

3. 网卡与计算机的连接

网卡通过计算机内主板上的 I/O 总线与计算机连接。在计算机的 I/O 总线上,信号以并行方式传输。

4. 网卡的硬件地址

为了区别于网络中的其他计算机和设备,每块网卡都有一个唯一的硬件地址。这个地址就是"介质访问控制地址",即 MAC 地址,又称为"物理地址"。对于每一台设备该地址都是唯一的,网卡都有自己的 MAC 地址。MAC 地址是由 12 位十六进制数(0~F)组成;用二进制表示为 48 位。网卡 MAC 地址的前 24 位称为机构唯一标识符,后 24 位称为扩展标识符,用以标识生产出来的每个网卡,由厂家自行指派,如 00-01-1A-5E-C6-9F。

4.1.2 网卡的基本功能

一块网卡包括 OSI 模型的两个层——物理层和数据链路层。它主要完成两个功能:一是将计算机的数据封装为帧,并通过传输介质(如网线或无线电磁波)将数据发送到网络上去;二是接收网络上其他设备传过来的帧,并将帧重新组合成数据,通过主板上的总线传输给本地计算机。

4.1.3 网卡的分类

随着技术的不断进步和最终用户应用需求的不断提高,网卡的类型也呈现出多层次、多标准的特点。适用于不同应用环境和不同技术要求的网卡种类繁多,用户在使用和选购网卡时必须对网卡的类型有一个大致的了解。

1. 按总线接口类型划分

按网卡的总线接口类型来划分,一般可分为早期的 ISA 接口网卡、PCI 接口网卡。目前在服务器上 PCI-X 总线接口类型的网卡得到广泛应用,笔记本所使用的网卡是 PCMCIA 接口类型的。

1) ISA 总线网卡

这是早期的一种接口类型网卡,在 20 世纪 80 年代末 90 年代初期几乎所有内置板卡都采用 ISA 总线接口类型,一直到 20 世纪 90 年代末期还有部分该类网卡。当然这种总线接口不仅用于网卡,像现在的 PCI 接口一样,当时也广泛应用于包括网卡、显卡、声卡等在内的所有内置板卡。

ISA 总线接口由于 I/O 速度较慢,随着 20 世纪 90 年代初 PCI 总线技术的出现,很快被淘汰了。目前在市面上基本上看不到 ISA 总线类型的网卡。

2) PCI 总线网卡

这种总线类型的网卡在当前的台式计算机上应用相当普遍。因为它的 I/O 速度远比 ISA 总线型的网卡快(ISA 最高仅为 33Mb/s,而目前的 PCI 2.2 标准 32 位的 PCI 接口数据传输速度最高可达 133Mb/s),所以在这种总线技术出现后很快就替代了原来老式的 ISA 总线。它通过网卡所带的两个指示灯颜色初步判断网卡的工作状态。目前能在市面上买到的网卡基本上是这种总线类型的网卡,一般的 PC 和服务器中也提供了多个 PCI 总线插槽,基本上可以满足常见 PCI 适配器(包括显示卡、声卡等,不同的产品利用金手指的数量是不同的)的安装。目前主流的 PCI 规范有 PCI2.0、PCI2.1 和 PCI2.2 三种。PC 上用的 32 位 PCI 网卡,这三种接口规范的网卡外观基本上差不多(主板上的 PCI 插槽也一样)。服务器上用的 64 位 PCI 网卡外观就与 32 位的有较大差别,主要体现在金手指的长度较长。

3）PCI-X 总线网卡

这是目前最新的一类在服务器上使用的网卡,与 PCI 总线网卡相比在 I/O 速度方面提高了一倍,并具有更快的数据传输速度(2.0 版本最高可达到 266MB/s)。目前这种总线类型的网卡在市面上还很少见,主要是由服务器生产厂商独家提供,如在 IBM 的 X 系列服务器中就可以见到。PCI-X 总线接口的网卡一般为 32 位总线宽度,也有 64 位的。

4）PCMCIA 总线网卡

这种总类型的网卡是笔记本专用的,它受笔记本的空间限制,体积远不可能像 PCI 接口网卡那么大。随着笔记本的日益普及,这种总线类型网卡目前在市面上较为常见,而且现在生产这种总线型网卡的厂商也较原来多很多。PCMCIA 总线分为两类,一类为 16 位的 PCMCIA,另一类为 32 位的 CardBus。

CardBus 是一种用于笔记本的新的高性能 PC 卡总线接口标准,就像广泛应用在台式计算机中的 PCI 总线一样。

5）USB 接口网卡

作为一种新型的总线技术,USB(Universal Serial Bus,通用串行总线)已经被广泛应用于鼠标、键盘、打印机、扫描仪、Modem、音箱等各种设备。其传输速率远远大于传统的并行接口和串行接口,设备安装简单并且支持热插拔。USB 设备一旦接入,就能够立即被计算机所承认,并装入任何所需要的驱动程序,而且不必重新启动系统就可立即投入使用。当不再需要某台设备时,可以随时将其拔除,并可再在该端口上插入另一台新的设备,而且这台新的设备也同样能够立即得到确认并马上开始工作。因此 USB 越来越受到厂商和用户的喜爱。USB 这种通用接口技术不仅在一些外置设备中得到广泛的应用,如 Modem、打印机、数码相机等,在网卡中也不例外。

2. 按网络接口类型划分

除了可以按网卡的总线接口类型划分外,还可以按网卡的网络接口类型来划分。网卡最终是要与网络进行连接,所以也就必须有一个接口使网线通过它与其他计算机网络设备连接起来。不同的网络接口适用于不同类型的网络,目前常见的接口主要有以太网的 RJ-45 接口、细同轴电缆的 BNC 接口和粗同轴电缆的 AUI 接口、FDDI 接口、ATM 接口等。而且有的网卡为了适用于更广泛的应用环境,提供了两种或多种类型的接口,如有的网卡会同时提供 RJ-45 接口、BNC 接口或 AUI 接口。

1）RJ-45 接口网卡

这是最为常见的一种网卡,也是应用最广的一种接口类型网卡,这主要得益于双绞线以太网的广泛应用。因为这种 RJ-45 接口类型的网卡就是应用于以双绞线为传输介质的以太网中,它的接口类似于常见的电话接口 RJ-11,但 RJ-45 是 8 芯线,而电话线的接口是 4 芯的,通常只接 2 芯线(ISDN 的电话线接 4 芯线)。在网卡上还自带两个状态指示灯,通过这两个指示灯颜色可以初步判断网卡的工作状态。

台式计算机所用的 PCI 总线类型 RJ-45 以太网卡,笔记本专用的 PCMCIA 总线接口的网卡,因其结构限制,所以通常不直接提供 RJ-45 接口,而是通过一条转接线来提供的,不过也有一些 PCMCIA 笔记本专用网卡直接提供 RJ-45 以太网卡。

2）BNC 接口网卡

这种接口网卡适用于用细同轴电缆为传输介质的以太网或令牌网中,目前较少见,其主要原因是用细同轴电缆作为传输介质的网络比较少。

3）AUI 接口网卡

这种接口网卡适用于以粗同轴电缆为传输介质的以太网或令牌网中,目前很少见,其原因是用粗同轴电缆作为传输介质的网络更是少上加少。

4）FDDI 接口网卡

这种接口网卡适应于 FDDI 网络中,这种网络具有 100Mb/s 的带宽,但它所使用的传输介质是光纤,所以这种 FDDI 接口网卡的接口也是光模接口。随着快速以太网的出现,它的速度优越性已不复存在,但它须采用昂贵的光纤作为传输介质的缺点并没有改变,所以目前也非常少见。

5）ATM 接口网卡

这种接口网卡适用于 ATM 光纤(或双绞线)网络中。它能提供物理的传输速度达 155Mb/s。

3. 按带宽划分

目前主流的网卡主要有 10Mb/s 网卡、100Mb/s 以太网卡、10Mb/s/100Mb/s 自适应网卡、1000Mb/s 千兆以太网卡 4 种。

1）10Mb/s 网卡

10Mb/s 网卡是比较老式、低档的网卡。它的带宽限制在 10Mb/s,这在当时的 ISA 总线类型的网卡中较为常见,目前 PCI 总线接口类型的网卡中也有一些是 10Mb/s 网卡,不过目前这种网卡已不是主流。这类带宽的网卡仅适应于一些小型局域网或家庭需求,中型以上网络一般不选用,但它的价格比较便宜,一般仅几十元。

2）100Mb/s 网卡

100Mb/s 网卡在目前来说是一种技术比较先进的网卡,它的传输 I/O 带宽可达到 100Mb/s,一般用于骨干网络中。目前这种带宽的网卡在市面上已逐渐得到普及,但它的价格稍贵,一些名牌的此带宽网卡一般都要几百元以上。

3）10Mb/s/100Mb/s 网卡

这是一种 10Mb/s 和 100Mb/s 两种带宽自适应的网卡,也是目前应用最为广泛的一种网卡类型,这主要因为它能自动适应两种不同带宽的网络需求,保护了用户的网络投资。它既可以与老式的 10Mb/s 网络设备相连,又可以与较新的 100Mb/s 网络设备连接,因此得到了用户的普遍认同。这种带宽的网卡会自动根据所用环境选择适当的带宽,如果是与老式的 10Mb/s 旧设备相连,它的带宽就是 10Mb/s;但如果是与 100Mb/s 网络设备相连,它的带宽就是 100Mb/s,仅需简单的配置即可(也有不用配置的)。也就是说,它能兼容 10Mb/s 的老式网络设备和新的 100Mb/s 网络设备。

4）1000Mb/s 以太网卡

千兆以太网(Gigabit Ethernet)是一种高速局域网技术,它能够在铜线上提供 1Gb/s 的带宽。与它对应的网卡就是千兆网卡了。同理,这类网卡的带宽也可达到 1Gb/s。千兆网卡的网络接口也有两种主要类型,一种是普通的双绞线 RJ-45 接口,另一种是多模 SC 型标准光纤接口。

4. 按网卡应用领域划分

如果根据网卡所应用的计算机类型来划分,可以将网卡分为应用于工作站的网卡和应用于服务器的网卡。前面所介绍的基本上都是工作站网卡,其实通常也应用于普通的服务器上。

但是在大型网络中,服务器通常采用专门的网卡。它相对于工作站所用的普通网卡来说在带宽(通常在 100Mb/s 以上,主流的服务器网卡都为 64 位千兆网卡)、接口数量、稳定性、纠错等方面都有比较明显的提高。还有的服务器网卡支持冗余备份、热拔插等服务器专用功能。

4.2　中　继　器

中继器(Repeater)又称重发器,如图 4.2 所示,是连接网络线路的一种装置,常用于两个网络节点之间物理信号的双向转发工作。中继器主要完成物理层的功能,负责在两个节点的物理层上按位传递信息,完成信号的复制、调整和放大功能,以此来延长网络的长度。由于存在损耗,在线路上传输的信号功率会逐渐衰减,衰减到一定程度时将造成信号失真,因此会导致接收错误。中继器就是为解决这一问题而设计

图 4.2　中继器

的。它完成物理线路的连接,对衰减的信号进行放大,保持与原数据相同。一般情况下,中继器的两端连接的是相同的媒体,但有的中继器也可以完成不同媒体的转接工作。从理论上讲,中继器的使用是无限的,网络也因此可以无限延长。事实上这是不可能的,因为网络标准中都对信号的延迟范围做了具体的规定,中继器只能在此规定范围内进行有效的工作,否则会引起网络故障。

4.2.1　中继器的工作原理

中继器是在物理层上实现局域网网段互连的,是最简单的网络互连设备。中继器不关心数据的格式和含义,只负责复制和增强通过物理介质传输的表示 1 和 0 的信号,如图 4.3 所示。如果中继器的输入端收到一个比特 1,它的输出端就会重复生成一个比特 1。这样接收到的全部信号被传输到所有与之相连的网段。所以说中继器是一种"非辨识"设备,仅用于连接相同的局域段。

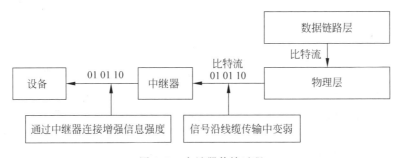

图 4.3　中继器传输过程

4.2.2　中继器的优缺点

1. 优点

(1) 扩大了通信距离。

(2) 增加了节点的最大数目。

(3) 各个网段可使用不同的通信速率。

第 4 章

网络互联设备

（4）提高了可靠性。当网络出现故障时，一般只影响个别网段。

（5）性能得到改善。

（6）安装简单，使用方便，价格相对低廉。

2. 缺点

（1）由于中继器对收到被衰减的信号再生（恢复）到发送时的状态，并转发出去，增加了延时。

（2）CAN 总线的 MAC 子层并没有流量控制功能。当网络上的负荷很重时，可能因中继器中缓冲区的存储空间不够而发生溢出，以致产生帧丢失的现象。

（3）中继器若出现故障，对相邻两个子网的工作都会产生影响。

4.3 集 线 器

集线器的英文为 Hub，是"中心"的意思。集线器的主要功能是对接收到的信号进行再生整形放大，以扩大网络的传输距离，同时把所有节点集中在以它为中心的节点上。它工作于 OSI 参考模型第一层，即"物理层"。集线器与网卡、网线等传输介质一样，属于局域网中的基础设备，采用CSMA/CD（带冲突检测的载波监听多路访问技术）介质访问控制机制。Hub 是一个多端口的转发器，如图 4.4 所示，当以 Hub 为中心设备时，网络中某条线路产生了故障，并不影响其他线路的工作。

图 4.4 多端口集线器

但由于集线器会把收到的任何数字信号，经过再生或放大，再从集线器的所有端口提交，会使信号之间碰撞的机会很大，而且信号也可能被窃听，并且这代表所有连到集线器的设备，都是属于同一个碰撞域名以及广播域名，因此大部分集线器已被交换机取代。

4.3.1 集线器的特点

依据 IEEE 802.3 协议，集线器功能是随机选出某一端口的设备，并让它独占全部带宽，与集线器的上连设备（交换机、路由器或服务器等）进行通信。由此可看出，集线器在工作时具有以下两个特点：

（1）集线器只是一个多端口的信号放大设备，工作中当一个端口接收到数据信号时，由于信号在从源端口到 Hub 的传输过程中已有了衰减，所以 Hub 便将该信号进行整形放大，使被衰减的信号恢复到发送时的状态，紧接着转发到其他所有处于工作状态的端口上。从Hub 的工作方式可以看出，它在网络中只起到信号放大和重发的作用，其目的是扩大网络的传输范围，而不具备信号的定向传送的能力，是一个标准的共享式设备。

（2）集线器只与它的上连设备（如上层的 Hub、交换机或服务器）进行通信，同层的各端口之间不会直接进行通信，而是通过上连设备再将信息广播到所有端口上。由此可见，即使是在同一 Hub 的不同的两个端口之间进行通信，都必须要经过两步操作，第一步是将信息上传到上连设备，第二步是上连设备再将该信息广播到所有端口上。其工作过程如图 4.5 所示。

随着网络技术的发展，集线器的缺点越来越突出，后来发展起来的一种技术更先进的数据交换设备——交换机，逐渐取代了集线器。集线器的不足之处主要体现在以下几个方面：

（1）带宽受限，集线器的每个端口并非独立的带宽，而是所有端口共享总的背板带宽，

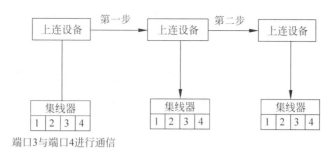

图 4.5　集线器工作过程

用户端口带宽较窄,且随着集线器所接用户的增多,用户的平均带宽不断减少,不能满足当今许多对网络带宽有严格要求的网络应用,如多媒体、流媒体应用等环境;

(2) 广播方式易造成网络风暴,集线器是一个共享设备,它的主要功能只是一个信号放大和中转的设备,不具备自动寻址能力,即不具备交换作用,所有传到集线器的数据均被广播到与之相连的各个端口,容易形成网络风暴,造成网络堵塞;

(3) 非双工传输,网络通信效率低。

4.3.2　集线器的分类

1. 按 Hub 对输入信号的处理方式划分

Hub 按照输入信号的处理方式,可以分为无源 Hub、有源 Hub、智能 Hub。

1) 无源 Hub

它是品质最差的一种,不对信号做任何的处理,对介质的传输距离没有扩展,并且对信号有一定的影响。连接在这种 Hub 上的每台计算机,都能收到来自同一 Hub 上所有其他计算机发出的信号。

2) 有源 Hub

有源 Hub 与无源 Hub 的区别就在于它能对信号放大或再生,这样它就延长了两台主机间的有效传输距离。

3) 智能 Hub

智能 Hub 除具备有源 Hub 所有的功能外,还有网络管理及路由功能。在智能 Hub 网络中,不是每台机器都能收到信号,只有与信号目的地址相同的端口计算机才能收到。有些智能 Hub 可自行选择最佳路径,这就对网络有很好的管理。

2. 按结构和功能划分

按结构和功能分类,集线器可分为未管理的集线器、堆叠式集线器和底盘集线器三类。

1) 未管理的集线器

最简单的集线器通过以太网总线提供中央网络连接,以星状的形式连接起来,这称为未管理的集线器,只用于很小型的至多 12 个节点的网络中(在少数情况下,可以更多一些)。未管理的集线器没有管理软件或协议来提供网络管理功能,这种集线器可以是无源的,也可以是有源的,有源集线器应用更广泛。

2) 堆叠式集线器

堆叠式集线器是稍微复杂一些的集线器。堆叠式集线器最显著的特征是 8 个转发器可

75

第 4 章

网络互联设备

以直接彼此相连。这样只需简单地添加集线器并将其连接到已经安装的集线器上就可以扩展网络。这种方法不仅成本低,而且简单易行。

3)底盘集线器

底盘集线器是一种模块化的设备,在其底板电路板上可以插入多种类型的模块。有些集线器带有冗余的底板和电源。同时,有些模块允许用户不必关闭整个集线器便可替换那些失效的模块。集线器的底板给插入模块准备了多条总线,这些插入模块可以适应不同的段,如以太网、快速以太网、光纤分布式数据接口(Fiber Distributed Data Interface,FDDI)和异步传输模式(Asynchronous Transfer Mode,ATM)中。有些集线器还包含网桥、路由器或交换模块。有源的底盘集线器还可能会有重定时的模块,用来与放大的数据信号关联。

3. 按是否具备网络管理功能来划分

按照集线器是否具备网络管理功能划分,可以分为不可通过网络管理集线器和可通过网络管理集线器两种。

1)不可通过网络管理集线器

这类集线器是指既无须进行配置,也不能进行网络管理和监测的集线器。该类集线器属于低端产品,通常只被用于小型网络。该类产品比较常见,集线器只要插上电,连上网线就可以正常工作。虽然安装使用方便,但功能受限,不能满足特定的网络需求。

2)可通过网络管理集线器

这类集线器也称为智能集线器,可通过 SNMP 对集线器进行简单管理,这种管理基本上是通过增加网络管理功能模块来实现的。其最大用途是用于对网络进行分段,从而缩小广播域,减少冲突,提高数据传输效率。另外,通过网络管理可以远程监测集线器的工作状态,并根据需要对网络传输进行必要的控制。需要指出的是,尽管同样是对 SNMP 提供支持,但不同厂商的模块是不能混用的,甚至同一厂商的不同产品的模块也不同。

4.4 网 桥

网桥(Bridge)是早期的两端口二层网络设备,用来连接不同网段。网桥也叫桥接器,是连接两个局域网的一种存储/转发设备。它能将一个大的 LAN 分割为多个网段,或将两个以上的 LAN 互联为一个逻辑 LAN,使 LAN 上的所有用户都可访问服务器。扩展局域网最常见的方法是使用网桥。最简单的网桥有两个端口,复杂些的网桥可以有更多的端口。网桥的每个端口与一个网段相连。

4.4.1 网桥的工作原理

网桥将两个相似的网络连接起来,并对网络数据的流通进行管理。它工作于数据链路层,不但能扩展网络的距离或范围,而且可提高网络的性能、可靠性和安全性。如图 4.6 所示,LAN1 和 LAN2 通过网桥连接后,网桥接收 LAN1 发送的数据包,检查数据包中的地址,如果地址属于 LAN1,它就将其放弃;相反,如果是 LAN2 的地址,它就继续发送给 LAN2。这样可利用网桥隔离信息,将同一个网络号划分成多个网段(属于同一个网络号),隔离出安全网段,防止其他网段内的用户非法访问。由于网络的分段,各网段相对独立(属于同一个网络号),一个网段的故障不会影响到另一个网段的运行。

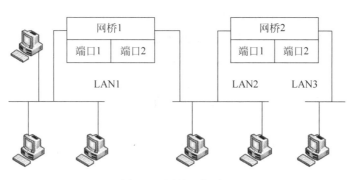

图 4.6　网桥工作原理

4.4.2　网桥的优缺点

1. 网桥的优点

(1) 过滤通信量。网桥可以使局域网的一个网段上各工作站之间的信息量局限在本网段的范围内,而不会使之经过网桥溜到其他网段去。

(2) 扩大了物理范围,也增加了整个局域网上的工作站数量。

(3) 可使用不同的物理层,可互联不同的局域网。

(4) 提高了可靠性。如果把较大的局域网分割成若干较小的局域网,并且每个小的局域网内部的信息量明显地高于网间的信息量,那么整个互联网络的性能就变得更好。

2. 网桥的缺点

(1) 由于网桥对接收的帧要先存储和查找站表,然后转发,这就增加了时延。

(2) 在 MAC 子层并没有流量控制功能。当网络上负荷很重时,可能会因网桥缓冲区的存储空间不够而发生溢出,以致产生帧丢失的现象。

(3) 具有不同 MAC 子层的网段桥接在一起时,网桥在转发一个帧之前,必须修改帧的某些字段的内容,以适合另一个 MAC 子层的要求,增加时延。

(4) 网桥只适合于用户数不太多(不超过几百个)和信息量不太大的局域网,否则有时会产生较大的广播风暴。

4.4.3　网桥的分类

根据网桥的路径选择方法、网桥的工作层次和网桥所能驱动的传输距离,可以将网桥分为透明桥、源路由桥、MAC 桥、LLC 桥、本地桥和远程桥几种类型。

1. 透明桥

透明桥通过一个内部转发地址表进行路径选择,它的存在和操作对网络站点是完全透明的,故称之为透明桥。透明桥通过逆向学习法建立和维护一个内部转发地址表。表中的信息表明每个网络站点的 MAC 地址与网桥端口的对应关系。透明桥主要用于连接不同传输介质、不同传输速率的以太网,它的主要优点是易于安装,不用做任何配置,就能正常工作。透明桥的不足之处在于不能充分利用网络资源,且选定的路径不一定是最佳路径。另外,在互联的网络数比较多时,生成树算法可能需要较长的时间。

2. 源路由桥

源路由桥采用与透明桥不同的路径选择方案,路径选择由发送数据帧的源站负责。源站点通过广播"查找帧"的方式,获得到达目的站点的最佳路径。在每个帧中都携带着这个路由信息,途经的网桥设备会从帧头中获得最佳路径,并按这个路径将数据帧转发到目的站点。源路由桥主要用于连接 IEEE 802.5 令牌环网。

3. MAC 桥

根据网桥工作在局域网数据链路层的哪一个功能子层,也可将网桥分为 MAC 桥和 LLC 桥。MAC 桥是工作在介质访问控制(MAC)子层的网络互联设备,只能互联具有相同 MAC 协议的同类局域网,如 IEEE 802.3 与 IEEE 802.3 或 IEEE 802.5 与 IEEE 802.5 局域网。

4. LLC 桥

LLC 桥又称为混合桥,作用于逻辑链路控制(LLC)子层。LLC 桥能够连接采用不同 MAC 协议的异类局域网,如 IEEE 802.3 以太网与 IEEE 802.5 令牌环网的互联。

5. 本地桥和远程桥

根据网桥的传输距离,网桥又分为本地桥和远程桥。

本地桥是用于连接近距离局域网的网桥。远程桥具有广域网连接能力,能够实现局域网的远程连接,如无线网桥。

4.5 交 换 机

交换机(Switch)也称为交换器或交换式集线器,是专门为计算机之间能够相互通信且独享带宽而设计的一种包交换设备。目前交换机已取代传统集线器在网络连接中的霸主地位,成为组建和升级以太局域网的首选设备,如图 4.7 所示。

图 4.7　交换机

4.5.1 交换机的主要功能

交换机大多工作在数据链路层,其功能是对封装数据进行转发,在端口之间建立并行的连接,以缩小冲突域,并隔离广播风暴。交换机的最大特点是可以将一个局域网划分成多个端口,每个端口可以构成一个网段,扮演着一个网桥的角色,而且每一个连接到交换机上的设备都可以享用自己的专用带宽。交换机与各网段的连接如图 4.8 所示。

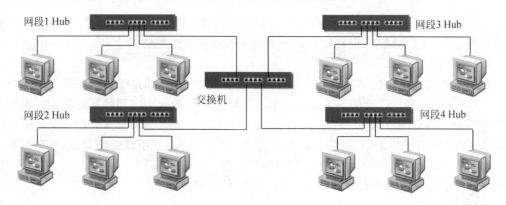

图 4.8　用交换机连接各网段示意图

4.5.2 交换机的工作原理

交换机工作于 OSI 参考模型的第二层,即数据链路层。交换机内部的 CPU 会在每个端口成功连接时,通过将 MAC 地址和端口对应,形成一张 MAC 表。在今后的通信中,发往该 MAC 地址的数据包将仅送往其对应的端口,而不是所有的端口。因此,交换机可用于划分数据链路层广播,即冲突域;但它不能划分网络层广播,即广播域。

交换机之所以比集线器的性能优越,其关键是交换机中的 MAC 地址表,并有先进的转发方式。

1. MAC 地址表

集线器虽然也能组网,但仅起到物理层的电信号放大作用,需要通过网络上层的帮助才能完成将数据帧转发到目的计算机,这样会降低数据传输的效率。交换机通过专用集成电路能够完成一定智能的功能,通过查看每个端口接收的帧的源地址,迅速建立一个端口和 MAC 地址的映射关系,并存储在内容关联存储器里形成一个端口和 MAC 地址的对应表,即 MAC 地址表,然后根据这个表转发数据帧。

下面以实例说明交换机 MAC 地址表的建立过程。

(1) 假设有一台交换机的 4 个端口分别连到 4 台用户终端,它们有不同的 MAC 地址,开始时交换机的 MAC 地址表是空的,如图 4.9 所示。

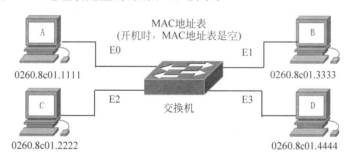

图 4.9　交换机的 MAC 地址表为空表

(2) 当终端 A 第一次向终端 C 发送数据帧时,由于首次发送时不知道终端 C 在何处,所以向其他各端口复制转发这个数据帧,这个过程称为泛洪,如图 4.10 所示。

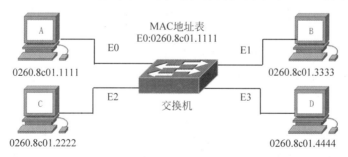

图 4.10　A 的 MAC 地址写入地址表

(3) 当终端 D 第一次向终端 C 发送数据帧时,交换机将 E3 端口和帧的源地址写入表中。交换机获得了所有终端的 MAC 地址,并建立了对应关系表,如图 4.11 所示。

网络互联设备

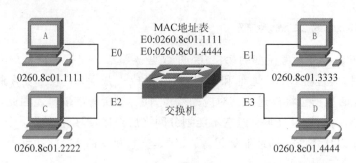

图 4.11　D 的 MAC 地址写入地址表中

（4）当终端 A 下一次向终端 C 发送数据帧时，交换机查看帧的目的地址，并查找 MAC 地址表，找到对应 E2 端口，直接将这个数据帧转发到 E2 端口，如图 4.12 所示。

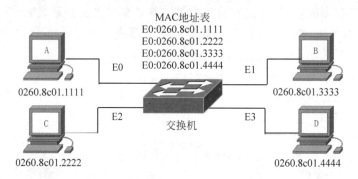

图 4.12　通过 MAC 地址表转发数据

2. 交换机的帧转发方式

早期的交换机采用静态交换方式，即端口连接通道是不变的，由人工预先进行配置；而现在各厂家的以太网交换机产品几乎全部采用动态交换方式。目前常用的动态交换方式可分为三类：直接交换方式、存储转发方式、改进的直接交换方式。

1）直接交换方式

直接转发方式也称直通过方式，提供线速处理能力，交换机只读出帧的前 14 个字节，便将帧传送到相应的端口上，不用判断是否出错，帧出错检测由目的节点完成。直接交换方式的优点是交换延迟小；缺点是缺乏错误检查，不支持不同速率端口之间的帧转发。

2）存储转发方式

交换机需要完整接收帧并进行差错检测。存储转发交换方式的优点是具有差错检测能力，并支持不同速率端口间的帧转发；缺点是交换延迟将会增大。

3）改进的直接交换方式

改进的直接交换方式也称为免碎片方式，结合直接交换方式和存储转发方式，接收到前 64 个字节后，判断帧头是否正确，如果正确则转发。对短帧而言，交换延迟同直接交换延迟；对长帧而言，因为只对帧头（地址和控制字段）检测，交换延迟将会减小。

3. 冲突域和广播域

在共享式以太网中，由于所有的站点使用同一共享总线发送和接收数据，在某一时刻，只能有一个站点进行数据的发送，如果有另一站点也在该时刻发送数据，这两个站点所发送的数据就会发生冲突。冲突的结果是双方的数据发送均不会成功,都需要重新发送。所有使用同一共享总线进行数据收发的站点就构成了一个冲突域,因此,集线器的所有端口处于同一个冲突域中。

广播域是能够接收同一个广播消息的集合。在该集合中,任一站点发送的广播消息,处于该广播的所有站点都能接收到。所有工作在 OSI 第一层和第二层的站点处于同一个广播域中。

可见,在集线器或中继器中,所有的端口处于同一个冲突域中,同时也处于同一个广播域中。在交换机或网桥中,所有的端口处于同一个广播域中,而不是同一个冲突域,交换机或网桥的每个端口均是不同的冲突域,如图 4.13 所示。由于路由器的每个端口并不转发广播消息,因此路由器的每个端口均是不同的广播域。

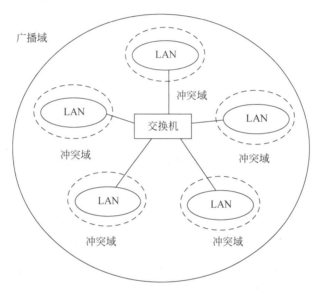

图 4.13　交换机的冲突域和广播域

4.5.3　交换机的类型

自 1993 年局域网交换机出现后,随着交换机技术的发展,其产品的类型也越来越多,通常的分类方法有三种。

1. 按应用领域划分

按应用领域划分,交换机可分为广域网交换机和局域网交换机。广域网交换机主要应用于电信领域,提供通信基础平台;局域网交换机则应用于局域网络,用于连接终端设备。

2. 按传输速率划分

按传输速率划分,交换机可分为以太网交换机、100M 交换机和 1000M 交换机、FDDI 交换机、ATM 交换机和令牌环交换机。

3. 按结构形式划分

按结构形式划分,交换机可分为独立式交换机、堆叠式交换机和模块式交换机。

4.5.4 交换机的连接方式

最简单的局域网通常由一台交换机和若干计算机终端组成。随着企业信息化步伐的加快,计算机数量成倍地增加,网络规模日益扩大,单一交换机环境已无法满足企业的需求,多交换机局域网应运而生。交换机的互连接术得到了飞速的发展及应用。交换机之间的互连主要有级联方式、堆叠方式和冗余方式。

1. 级联方式

级联是指两台或两台以上的交换机通过一定的方式相互连接,使端口数量得以扩充。交换机级联模式是组建中、大型局域网的理想方式,可以综合利用多种拓扑设计技术和冗余技术来实现层次化的网络结构。例如,一台具有 16 个 10Mb/s 和 1 个 100Mb/s 端口的交换机,可以通过 100Mb/s 的端口,实现与 100Mb/s 骨干交换机之间的 100Mb/s 速率的连接。

2. 堆叠方式

提供堆叠接口的交换机可以通过专用的堆叠线连接起来。堆叠可以提升网络总带宽,而级联不能增加网络总带宽。多台交换机的堆叠是靠一个提供背板总线带宽的多口堆叠母模块与单口的堆叠子模块相连实现的,并插入不同的交换机实现交换机的堆叠。

3. 冗余方式

与网桥一样,在以太网环境下应尽量避免出现环路,但支持生成树算法的交换机则可以在交换机之间既实现冗余连接又避免出现环路。但是,生成树算法冗余连接的工作方式是待机方式,也就是说,除了一条链路工作外,其余链路实际上处于待机状态,这样会影响传输的效率。目前一些最新的技术,如 FEC(Fast Ethernet Channel)、ALB(Advanced Load Balancing)和 PT(Port Trunking)技术,允许每条冗余连接链路实现负载分担,其中 FEC 和 ALB 技术用来实现交换机与服务器之间的连接,而 PT 技术则用来实现交换机之间的连接。通过 PT 的冗余连接,交换机之间可以实现几倍于线速带宽的连接。

4.5.5 交换机与集线器、网桥的区别

1. 交换机与集线器的区别

(1) 从 OSI 体系结构来看,集线器属于第一层物理层设备,而交换机属于 OSI 的第二层数据链路层设备。也就是说,集线器只是对数据的传输起到同步、放大和整形的作用,对于数据传输中的短帧、碎片等无法进行有效的处理,不能保证数据传输的完整性和正确性;而交换机不但可以对数据的传输做到同步、放大和整形,而且可以过滤短帧、碎片等。

(2) 从工作方式看,集线器是一种广播模式,也就是说集线器的某个端口工作的时候,其他所有端口都能够接收到信息,容易产生广播风暴,当网络较大时网络性能会受到很大影响;而交换机就能够避免这种现象,当交换机工作的时候,只有发出请求的端口与目的端口之间相互响应而不影响其他端口,因此交换机就能够隔离冲突域并有效地抑制广播风暴的产生。

(3) 从带宽来看,集线器不管有多少个端口,所有端口都共享一条带宽,在同一时刻只能有两个端口传送数据,其他端口只能等待,同时集线器只能工作在半双工模式下;而对于交换机而言,每个端口都有一条独占的带宽,当两个端口工作时不影响其他端口的工作,同

时交换机不但可以工作在半双工模式下而且可以工作在全双工模式下。

2. 交换机与网桥的区别

交换机与网桥相比,有许多网桥不具备的优点。

1) 延迟相对较小

交换机是通过硬件实现交换的,网桥则是通过运行在计算机系统上的桥接协议来实现交换的。相对而言,交换机在转发数据时延迟较小,基本接近线速交换机,采用了集成电路技术,大大提高了网络转发速度。

2) 功能相对较大

交换机除了具备过滤/转发功能外,还有许多强大的管理功能,如支持网络管理协议、划分虚拟子网等。

3) 端口多

交换机一般具有较多的端口,而网桥一般多为两个接口,最多也不会超过 16 个端口。

4.6 路 由 器

路由器(Router)又称路径器,是一种计算机网络设备。它能将数据通过打包一个个网络传送至目的地(选择数据的传输路径),这个过程称为路由。路由器外形如图 4.14 所示。

随着网络的扩大,特别是多种工作平台连接成大规模的广域网环境,网桥在路由选择、流量控制以及网络管理等方面已远远不能满足要求,这时就需要使用路由器或者网关。路由器与网关是局域网与广域网互联的主要设备。路由器是工作在 OSI 模型的第三层的网络互联设备,用以连接两个或多个逻辑上相互独立的网络,如图 4.15 所示。

图 4.14 路由器

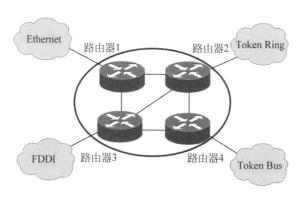

图 4.15 路由器逻辑连接示意图

4.6.1 路由器的主要功能

由于路由器工作在网络层,因此它比交换机有更强的异种网互联能力、更好的隔离能力、更强的流量控制能力、更好的安全性和可管理维护性。因此,路由器不仅适合在中、小型局域网中应用,同时也适合在广域网和大型、复杂的互联网环境中应用,其主要功能如下。

1. 网络分段与互联功能

在组网时常根据实际需求将整个网络分割成不同的子网,路由器可以将不同的 LAN 进行互联。

2. 隔离广播风暴

路由器可将网络分成各自独立的广播网域,使网络中的广播通信量限定在某一局部,避免广播风暴的形成。

3. 地址判断和最佳路由选择

路由器为每一种网络层协议建立路由表,并按指定协议路由表中的数据决定数据的转发与否。

4. 安全访问控制

路由器具有加密和优先级等处理功能,能有效地利用带宽资源,并能利用数据过滤限定特定数据的转发。

5. 设备管理

路由器可了解高层信息,还可以通过软件协议本身的流量控制参量来控制转发的数据流量,以解决拥塞问题。

4.6.2 路由器的工作原理

路由器是一种连接多个网络或网段的网络设备,能将不同网络或网段之间的数据信息进行"翻译",使它们能够相互"读懂"对方的数据,从而构成一个更大的网络。这种"翻译"机制在于路由器会去除帧头和帧尾信息,以获得里面的数据分组。如果路由器需要转发一个数据分组,它将用与新的连接使用的数据链路层协议一致的帧重新封装该数据分组。例如,一个路由器可以连接两个使用 TCP/IP 网络结构的网络,但有可能其中一个网络是以太网,另一个网络则是令牌环网。路由器的工作原理如下。

第一步:路由器接收来自它连接的某个网站的数据。

第二步:路由器将数据向上传递到协议栈的网际层,舍弃网络层的信息,并且重新组合 IP 数据报。

第三步:路由器检查 IP 报头中的目的地址。如果目的地址位于发出数据的那个网络,那么路由器就放下被认为已经达到目的地的数据。

第四步:如果数据要送往另一个网络,那么路由器就查询路由表,以确定数据要转发到的目的地。

第五步:路由器确定哪个适配器负责接收数据后,就通过相应的网络层软件传递数据。

下面举个例子,对路由器的工作原理进行说明。

例如,华为有一个 B 类网络,它的网络地址是 130.102.0.0,在这个网络内部划分了一些子网,子网掩码为 255.255.255.0。但是在网络外部,只知道华为是一个单一的网络。假设另一个 IP 地址为 196.14.22.43 的网络中有一个设备要将数据发送给华为设备所在网络中,其目的 IP 地址为 130.102.2.2。数据在 Internet 上传输,直到到达华为路由器。路由器的工作是确定将数据发送给华为的哪一个子网,如图 4.16 所示。

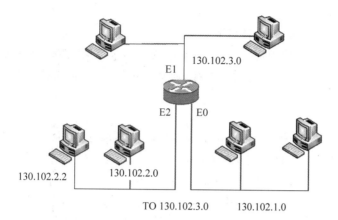

图 4.16　路由器连接三个网络

为了完成这项工作,路由器将查看数据的目的 IP 地址,确定其中哪部分是网络标识,哪部分是子网标识,哪部分是主机标识。

路由器获得数据上携带的终端 IP 地址和子网掩码两部分信息,然后将它们逐比特位进行逻辑"与"运算,结果是主机标识被丢弃,剩余数值为网络地址和子网地址。路由器接着查看它的路由表,寻找与包含子网的网络号相匹配的网络接口,如图 4.17 所示。一旦找到匹配对象,路由器就知道该使用哪一个接口。然后,路由器将数据发送给网络中正确的接口和子网目的 IP 地址。

130.102.2.2
AND 255.255.255.0
———————————→
130.102.2.0 ——→

网络	接口
130.102.1.0	E0
130.102.2.0	E2
130.102.3.0	E1

图 4.17　查询路由表

路由器的主要优点是:适用于大规模的网络,为数据提供最佳的传输路径,能更好地处理多媒体,安全性高,隔离不需要的通信量,节省局域网的频宽,减少主机负担。

路由器的主要缺点是:不支持 NetBEUI 等非路由协议,安装和设置复杂,价格较高。

4.6.3　路由器的类型

根据目前路由器的发展情况,可从以下 5 个方面进行分类。

1. 按处理能力分类

从处理能力看,可将路由器分为高端路由器与中、低端路由器。通常将背板交换能力大于 40Gb/s 的路由器称为高端路由器,背板交换能力小于 40Gb/s 的路由器称为中、低端路由器。

2. 按结构分类

从结构看,可将路由器分为模块化结构与非模块化结构。通常中、高端路由器为模块化结构,低端路由器为非模块化结构。

3. 按所处网络位置分类

从所处的网络位置看,路由器可分为核心路由器与接入路由器。核心路由器位于网络中心,通常使用的是高端路由器,要求具有快速的数据包交换能力与高速的网络接口,通常是模块化结构;接入路由器位于网络边缘,通常使用的是中、低端路由器,要求具有相对低速的端口及较强的接入控制能力。

4. 按功能分类

从功能看,路由器可分为通用路由器与专用路由器,一般所说的路由器为通用路由器。专用路由器通常为实现某种特定功能对路由器接口、硬件等做专门的优化。

5. 按性能分类

从性能看,路由器可分为线速路由器与非线速路由器。线速路由器是高端路由器,能以媒体速率转发数据包;中、低端路由器是非线速路由器,目前一些新的宽带接入路由器也有线速转发能力。

4.6.4 路由协议

对于路由器而言,要找出最优的数据传输路径是一件比较有意义但却很复杂的工作。最优路径的定义因应用的不同而不同,对实时传输而言,可能时间最短的路径是最优路径;而大多数情况下,成本最低的路径为最优路径。影响最优路径的因素包括数据包在节点间的转发次数、当前的网络运行状态、不可用的连接、数据传输速率和拓扑结构等。为了找出最优路径,各个路由器间要通过路由协议来相互通信,并创建路由表用于以后的数据包转发。尽管并不需要精确地知道路由协议的工作原理,但还是应该对最常见的路由协议有所了解,如 RIP(路由信息协议)、OSPF(最短路径优先协议)、IGRP(内部网关路由协议)、EIGRP(增强内部网关路由协议)和 BGP(边界网关协议)。

1. RIP

RIP 是一种基于距离向量的内部网关协议,也是应用最多、最早的 IGP(内部网关)协议,其特点是应用广泛、简单、可靠。RIP 使用"跳数"来度量路由距离,每 30s 广播发布一次路由信息;由于其收敛速度较慢,因此网络规模受限,常用于不超过 15 跳的小型网络。

2. OSPF

OSPF 是一种基于链路状态的内部网关协议。所谓的"链路"是指路由器的接口,因此 OSPF 也称为接口状态路由协议。OSPF 通过路由器之间通告网络接口的状态来建立链路状态数据库,并生成最短路径树。采用 OSPF 的路由器彼此交换并保存整个网络的链路信息,从而掌握全网的拓扑结构,独立计算路由,并构造自己的路由表。OSPF 使用 Dijkstra 算法求出最短路径。OSPF 可以使用户得到优异的性能,由于其具有路由收敛快、占用网络资源少、功能强大等特点,因此适用于大型网络,在当前的路由协议中占有相当重要的地位。但是,管理使用 OSPF 的互联网络比管理使用其他路由协议的网络需要更多的专业知识和技术。

3. IGRP

IGRP 是一种基于距离向量的内部网关协议。IGRP 使用复合度量值(带宽、延迟、可靠性、MTU 路径上最大传输单元)进行度量。由于其度量值比 RIP 的单一度量值"跳数"更精确,路由结果更精确,协议功能更强大,因而使得众多小型互联网络用 IGRP 取代了 RIP。

4. EIGRP

EIGRP 是 Cisco 的私有路由协议,使用距离矢量和链路状态两种度量值。由于 EIGRP 综合了距离矢量和链路状态两种路由协议的优点,并采用了新的路由算法,因此具有能够快速收敛、减少了带宽占用、支持多种网络层协议、实现负载分担、路由器配置简单等优点,从而可以实现小型网络的高性能路由。其缺点是没有区域概念,因此,只能适用于网络规模相对较小的网络。另外,其他设备厂商如果要支持 EIGRP,需要向 Cisco 公司购买相应的版权。

5. BGP

BGP 是为因特网主干网设计的一种路由协议。因特网的飞速发展对路由器需求的增长推动了对 BGP 这种最复杂的路由协议的开发工作。BGP 的开发人员需要解决如何才能通过成千上万的因特网主干网合理有效地路由的问题,有关 BGP 的定义可参见 IAB(因特网体系结构委员会)的在线技术报告 RFC1654。

4.6.5 路由器与交换机的区别

路由器与交换机的主要区别在于以下几个方面。

1. 工作层次不同

交换机是工作在 OSI/RM 开放体系结构的数据链路层,也就是第二层,而路由器一开始就设计工作在 OSI 模型的网络层。由于交换机工作在 OSI 的第二层(数据链路层),所以它的工作原理比较简单,而路由器工作在 OSI 的第三层(网络层),可以得到更多的协议信息,路由器可以做出更加智能的转发决策。

2. 数据转发所依据的对象不同

交换机是利用物理地址或者说 MAC 地址来确定转发数据的目的地址,而路由器则是利用不同网络的 ID 号(即 IP 地址)来确定数据转发的地址。IP 地址是在软件中实现的,描述的是设备所在的网络,有时这些第三层的地址也称为协议地址或者网络地址。MAC 地址通常是硬件自带的,由网卡生产商来分配,而且已经固化到了网卡中,一般来说是不可更改的;而 IP 地址则通常由网络管理员或系统自动分配。

3. 传统的交换机只能分割冲突域,不能分割广播域;而路由器可以分割广播域

由交换机连接的网段仍属于同一个广播域,广播数据包会在交换机连接的所有网段上传播,在某些情况下会导致通信拥挤和安全漏洞。连接到路由器上的网段会被分配成不同的广播域,广播数据不会穿过路由器。虽然第三层以上交换机具有 VLAN 功能,也可以分割广播域,但是各子广播域之间是不能进行通信交流的,它们之间的交流仍然需要路由器。

4. 路由器提供了防火墙的服务

路由器仅转发特定地址的数据包,不进行不支持路由协议的数据包传送和未知目标网络数据包的传送,从而可以防止广播风暴。

交换机一般用于 LAN-LAN 的连接,是数据链路层的设备,有些交换机也可实现第三层的交换。路由器用于 WAN-WAN 之间的连接,可以解决不同网络之间的转发分组,作用于网络层。

相比较而言,路由器的功能比交换机要强大,但速度相对也慢,价格昂贵。

4.7 网 关

网关(Gateway)又称网间连接器、协议转换器。默认网关在网络层上以实现网络互联,是最复杂的网络互联设备,仅用于两个高层协议不同的网络互联。网关的结构也和路由器类似,不同的是互联层。网关既可以用于广域网互联,也可以用于局域网互联。

在 OSI 模型中,网关有两种:一种是面向连接的网关,一种是无连接的网关。当两个子网之间有一定距离时,往往将一个网关分成两半,中间用一条链路连接起来,我们称之为半网关。

网关使用适当的硬件和软件,实现不同网络的协议转换,硬件提供不同网络的接口,软件进行不同网络的协议转换。根据互联网络的多少,网关可以分为双向网关和多向网关。

网关实现协议转换的方法有两种:一种方法是直接转换,即把进入网关的数据包转换为输出网络的数据包格式,如图 4.18 所示。如果网关连接多个网络,采用这种方式的转换模块会非常多。另一种方法是制定一种统一的网间数据包格式,这种格式不在网络内部使用,而只在网关中使用,因此不必修改网络内部的协议。当数据包跨越网络时,网关先把它转换为统一的网间格式,再由网间格式转换为另一网络的数据包格式,如图 4.19 所示。

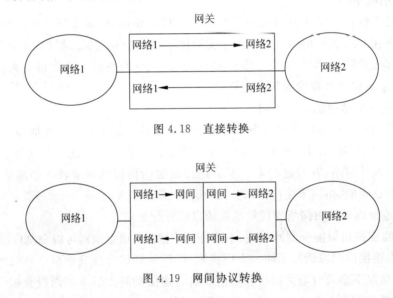

图 4.18 直接转换

图 4.19 网间协议转换

4.8 传 输 介 质

传输介质是数据传输系统中发送器和接收器之间的物理通路,信号在介质中以电磁波的形式进行传输。传输介质的特性对信道甚至整个传输系统设计有决定性的影响,所以设计数据传输系统的第一步就是选择合适的物理介质并了解其特性。目前,网络中常用的传输介质分为有线传输介质和无线传输介质两大类。有线传输介质包括同轴电缆、双绞线和光纤;无线传输介质包括地面微波、卫星微波、红外等通信介质。传输介质中的有线传输介质又称为"约束"介质,无线传输介质又称为"自由"介质。

4.8.1 双绞线

双绞线(Twisted Pairwire,TP)是综合布线工程中最常用的一种传输介质。它由螺旋状扭在一起的两根绝缘导线组成。两根导线扭在一起是为了减少相互间的辐射电磁干扰。一根双绞线电缆可含有多个绞在一起的线对(如 8 条线组成 4 个线对)。双绞线很早就用于电话通信中,可用于模拟信号的传输,也可以用于数字信号的传输。双绞线分为非屏蔽双绞线(Unshielded Twisted Pair,UTP)和屏蔽双绞线(Shielded Twisted Pair,STP)两种,如图 4.20 所示。双绞线一般应用于星状网络拓扑结构中,计算机通过各自的网卡、双绞线、RJ-45 连接器与集线器(交换机)进行连接,如图 4.21 所示。

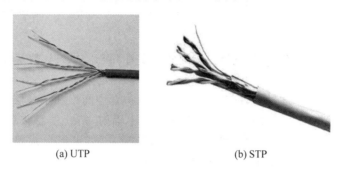

(a) UTP　　　　　　　　　　(b) STP

图 4.20　双绞线

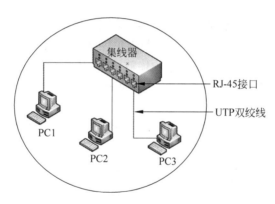

图 4.21　10/100/1000Mb/s 双绞线以太网

1. 非屏蔽双绞线

1) UTP 的分类与性能参数

网络中,常用的非屏蔽双绞线根据通信质量分成 5 类。市面上常用的有 5 类、超 5 类、6 类和 7 类 4 种双绞线,各自参数如表 4.1 所示。

2) UTP 的应用特性

(1) 介质连接器:RJ-45 接口。

(2) 低成本,易于安装。

(3) 100m 以内的低传输距离。

(4) UTP 没有金属保护膜,因此,抗电磁干扰能力差。

表 4.1　各类 UTP 的主要参数

类别	最大工作频率	最高传输速率/(Mb/s)	适网网络	标准(ANI/EIA/TIA)
3 类	16	10	10BASE-T	568A
4 类	20	16	10BASE-T，100BASE-T4，令牌环局域网	568A
5 类	100	100	10BASE-T，100BASE-T4	568A
超 5 类	125 和 200	155	10BASE-T，100BASE-TX	568B.1
6 类	200～300	1000	100BASE-T4，1000BASE-T	568B.2
7 类	500～600	10 000	10Gb/s 万兆以太网	非 RJ 形式模块化接口标准

2. 屏蔽双绞线

在 IEEE 802.3 的标准中，从支持以太网的角度看 UTP 和 STP 的基本参数是相同的。

1) STP 的分类与性能参数

STP 和 UTP 的不同之处是，在双绞线和外层保护套中间增加了一层金属屏蔽保护膜，用以减少信号传送时所产生的电磁干扰，并具有减小辐射、防止信息被窃听的功能。STP 相对 UTP 来讲价格较贵些。目前，除了在某些特殊场合（如电磁干扰和辐射较严重、对传输质量有较高要求等）使用 STP 外，一般都使用 UTP。最新的 STP 传输速率可达到 1000Mb/s，目前常用的 5 类 STP 在 100m 内的数据传输速率为 100～150Mb/s。

2) STP 的应用特性

(1) 成本贵。由于整个系统都需要屏蔽器件，因此价格比 UTP 要高。

(2) 安装难。STP 比 UTP 更难于安装与维护，因此维护费用较高。

(3) 支持的标准类似。同样 100m 内的传输距离，从最高传输速率看，STP 和 UTP 都能达到 1000Mb/s，甚至 10Gb/s。但是，UTP 的布线系统更为成熟和稳定。

(4) 高衰减。100m 以内的短传输距离。

(5) 抗干扰能力中等。较 UTP 高，尤其是在频率超过 30MHz 时，最有效的控制干扰的方法就是采用 STP。

(6) 保密性好。STP 比 UTP 系统的安全性更高。

双绞线作为远程中继线时的最大传输距离是 15km，但用在局域网时最长为 150m。

4.8.2　双绞线的制作方法与应用

UTP 的 8 芯线与 RJ-45 连接头的 8 个引脚连接时，常用的制作标准有两个，分别为 TIA/EIA 568A 和 TIA/EIA 568B。TIA/EIA 568A 的线序定义依次为绿白、绿、橙白、蓝、蓝白、橙、棕白、棕。TIA/EIA 568B 的线序定义依次为橙白、橙、绿白、蓝、蓝白、绿、棕白、棕。两种线序如表 4.2 所示。

表 4.2　双绞线与 RJ-45 连接器的连接线序

引脚　　标准	1	2	3	4	5	6	7	8
TIA/EIA 568A	绿白	绿	橙白	蓝	蓝白	橙	棕白	棕
TIA/EIA 568B	橙白	橙	绿白	蓝	蓝白	绿	棕白	棕

在连接网络设备时,应注意以下两种线的制作与使用。

1. 直通线

在制线时,两头的 RJ-45 线序排列的方式完全一致的网线被称为"标准线""直通线"或"直连线",通常两头均按表 4.2 中 568B 标准所规定的线序排列方式制作。直通线一般应用于两个不同设备之间的连接,如计算机与路由器、路由器与交换机等。

2. 交叉线

在制线时,两头的 RJ-45 线序排列的方式不一致的网线称为"交叉线"或"跳接线",线的一头按照表 4.2 中的 TIA/EIA 568B 标准线序制作;而另一个按照表 4.2 中的 TIA/EIA 568A 标准线序制作。交叉线主要应用于两个相同设备之间的连接,如计算机与计算机、交换机与交换机、路由器与路由器等。

4.8.3 同轴电缆

同轴电缆(Coaxial Cable)也是网络中常用的传输介质之一,是局域网早期使用的主要传输介质,目前主要应用在有线电视网络中。

同轴电缆是指有两个同心导体,而导体和屏蔽层又共用同一轴心的电缆。最常见的同轴电缆由绝缘材料隔离的铜线导体组成,在里层绝缘材料的外部是另一层环形导体及其绝缘体,然后整个电缆由聚氯乙烯或特氟纶材料的护套包住,如图 4.22 所示。

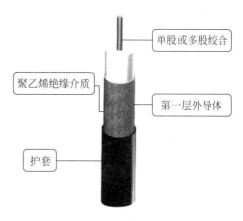

图 4.22　同轴电缆

1. 同轴电缆的分类

根据带宽和用途来划分,同轴电缆可分为两种基本类型,即基带同轴电缆和宽带同轴电缆。目前基带是常用的电缆,其屏蔽线是用铜作成的网状的,特征阻抗为 50Ω(如 RG-8、RG-58 等),在小型局域网中使用;宽带同轴电缆常用的电缆的屏蔽层通常是用铝冲压成的,特征阻抗为 75Ω(如 RG-59 等),在电视网或基于电视网络的局域网中使用。

同轴电缆根据其直径大小可以分为粗同轴电缆与细同轴电缆。粗缆适用于比较大型的局部网络,它的标准距离长,可靠性高,由于安装时不需要切断电缆,因此可以根据需要灵活调整计算机的入网位置,但粗缆网络必须安装收发器电缆,安装难度大,所以总体造价高。相反,细缆安装则比较简单,造价低,但由于安装过程要切断电缆,两头须装上基本网络连接头(BNC),然后接在 T 型连接器两端,所以当接头多时容易产生不良的隐患,这是目前运行中的以太网所发生的最常见故障之一。

2. 同轴电缆的特性

(1) 单根同轴电缆直径约为 1.02～2.45cm,可在较宽的频率范围内工作。

(2) 50Ω 的同轴电缆仅用于数字信号的传输,它分为粗电缆和细电缆两种。粗电缆抗干扰性能好,传输距离远;细电缆便宜,传输距离较近。50Ω 的同轴电缆数据传输率最高可达 10Mb/s,传输带宽为 1～20MHz;75Ω 的 CATV 电缆既可用于模拟信号的传输,又可用于数字信号的传输。对于模拟信号,频带范围可达 300～450MHz,可用于宽带信号的传输。在 CATV 电缆上用与无线电和电视广播相同的方法处理模拟数据,如视频和音频。

(3) 同轴电缆适用于点到点连接和多点连接。基带 50Ω 电缆每段可支持几百台设备,在大型系统中还可以用中继器把各段连接起来。宽带 75Ω 电缆可支持数千台设备。在高数据传输率下(50Mb/s)使用 75Ω 电缆时,设备数目限制在 20～30 台。

(4) 基带电缆的最大距离限制在几千米,宽带电缆可以达到几十千米,这取决于传输的是模拟信号还是数字信号。

(5) 同轴电缆的抗干扰性能比双绞线强。

(6) 安装同轴电缆的费用比双绞线昂贵,但比光纤便宜。

4.8.4　光纤

光纤是光导纤维的简称,它由能传导光波的石英玻璃纤维,外加保护层构成,如图 4.23 所示。相对于金属导线来说重量轻,体积小。用光纤传输电信号时,在发送端先要将其转换成光信号,而在接收端又要由光检波器还原成电信号,其传送过程如图 4.24 所示。

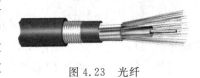

图 4.23　光纤

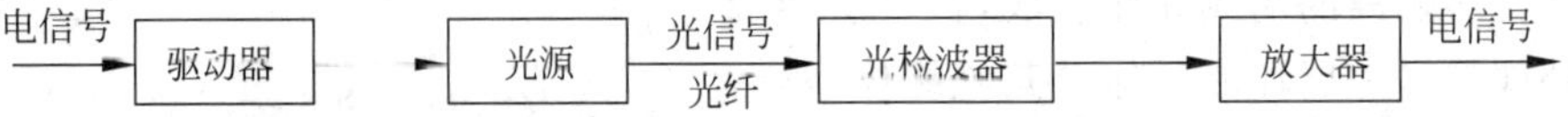

电信号 → 驱动器 → 光源 光信号/光纤 → 光检波器 → 放大器 → 电信号

图 4.24　光纤传送电信号过程

1. 光纤的分类和性能

根据光波的传输模式,可将光纤分为多模光纤和单模光纤。单模光纤比多模光纤具有更快的传输速度和更长的传输距离,费用相对昂贵。

(1) 单模光纤:以激光作为光源。由于单模光纤仅允许一束光通过,因此只能传输一路信号;其传输距离远,设备比多模光纤贵,单模光纤主要应用于广域网中。

(2) 多模光纤:以发光二极管作为光源。由于多模光纤允许多路光束通过,因此可传输多路信号;其传输距离较近,设备比单模光纤便宜,主要应用于局域网中。

在使用光纤介质建设网络时,必须考虑光纤的单向性。光纤在普通计算机网络中使用时,安装从用户设备端开始的,如果需要双向通信时,应该使用双股光纤,一路用于输入,另一路用于输出。光纤电缆两端应当接到光设备接口上。

2. 光纤的特性

(1) 光纤在计算机网络中均采用独立分开来回传输的两根光纤组成传输系统。按波长范围可分为三种:$0.85\mu m$(波长区 $0.8～0.9\mu m$)、$1.3\mu m$(波长区 $1.25～1.35\mu m$)和 $1.55\mu m$(波长区 $1.53～1.58\mu m$)。不同波长的光纤损耗特性不同,其中,$0.85\mu m$ 波长区为多模光纤通信方式,$1.55\mu m$ 波长区为单模光纤通信方式,$1.3\mu m$ 波长区有多模和单模两种通信方式。

(2) 光纤通过内部的全反射传输一束经过编码的光信号。内部的全反射可以在任何折射指数高于包层媒体折射指数的透明媒体中进行。从小角度进入光纤的光沿着纤维反射,其他光线则被吸收。光纤的数据传输率可达几千兆比特每秒,传输距离可达几十千米。

（3）光纤普遍用于点到点的链路，如用于连接环状网。由于光纤具有功率损失小、衰减少的特性，以及有较大带宽，因此一段光纤能够支持的分接头数比双绞线或同轴电缆要多得多。

（4）从目前的技术来看，光纤可以在 6～9km 的距离内不用中继器传输信号。因此光纤适合于在几个建筑物之间通过点到点的链路联接局域网络。

（5）光纤具有不受电磁干扰或噪声影响的特征，适宜在长距离内保持高数据传输率，而且能够提供很好的安全性。

（6）光纤所需附属设备部件（发送器、接收器、连接器等）比双绞线和同轴电缆要贵。由于光纤通信具有损耗低、频带宽、数据传输率高、抗电磁干扰强等特点，对高速率、距离较远的局域网很适用。

4.8.5　无线传输介质

随着网络技术和移动通信技术的普及，无线通信技术的应用也随之增加。当遇到一些特殊场所时，就会考虑使用无线通信介质。目前无线传输介质主要有微波、红外线和激光、卫星。

1. 无线网络和无线传输介质

（1）无线网络（Wireless LAN，WLAN）是指通过无线信号传输数据的网络，如无线电视、手机和无线局域网。

（2）无线传输介质指在两个通信设备之间不使用任何物理的连接器，通常这种传输介质通过空气进行信号传输。

2. 无线传输介质类型

1）微波

微波通信是在对流层视线距离范围内利用无线电波进行传输的一种通信方式，频率范围为 2～40GHz。微波通信的工作频率很高，与通常的无线电波不一样，是沿直线传播的，由于地球表面是曲面，微波在地面的传播距离有限。微波直接传播的距离与天线的高度有关，天线越高距离越远，但超过一定距离后就要用中继站来"接力"，两个微波站之间的通信距离一般为 30～50km，长途通信时必须建立多个中继站。中继站的功能是变频和放大，进行功率补偿，逐站将信息传送下去。

2）红外线和激光

红外线和激光通信与微波通信一样，具有很强的方向性，它们都是沿直线传播的。所不同的是红外通信和激光通信把要传输的信号分别转换为红外光信号和激光信号，直接在空间传播。对于联接不同建筑物内的局域网非常有用。这是因为很多建筑物之间难以架设电缆，特别是当传输线路要穿越的空间属于公共场所时，联接起来会更加困难。使用无线技术只需在每个建筑物上安装设备。但这种通信介质对环境气候较为敏感，如雨、雾和雷电等天气。相对来说，微波一般对雨和雾的敏感度较低。

3）卫星

卫星通信是以人造卫星为微波中继站，它是微波通信的特殊形式。卫星接收来自地面发送站发出的电磁波信号后，再以广播方式用不同的频率发回地面，被地面工作站接收。

卫星通信可以克服地面微波通信距离的限制。一个同步卫星可以覆盖地球的三分之一以上的表面,三个这样的同步卫星就可以覆盖地球上全部通信区域,这样地球上的各个地面站之间就都可互相通信了。

由于卫星信道频带宽,也可采用频分多路复用技术分为若干个子信道。因此,卫星通信的优点是通信容量大、传输距离远、覆盖范围广等,缺点是传播延迟时间长。

3. 无线网络的特点

无线网络的最大特点就是其传输介质为无线电波,其次为其站点的可移动性。近几年发展起来的无线网络使得移动办公成为可能。当通信设备之间存在物理障碍,而不能使用普通介质时,可以考虑使用无线介质。

4.9 实验任务

4.9.1 任务1 直通线与交叉线制作

操作步骤如下。

1. 直通线制作

(1) 取适当长度的 UTP 线缆一段,用剥线钳(如图 4.25 所示),在线缆的一端剥出一定长度的线缆。

(2) 用手将 4 对绞在一起的线缆按橙白、橙、绿白、蓝、蓝白、绿、棕白、棕的顺序拆分开来并小心地拉直。

(3) 按表 4.3 中 TIA/EIA 568A 或 568B 标准的顺序调整线缆的颜色顺序,即交换蓝线与绿线的位置。

(4) 将线缆整平直并剪齐,确保平直线缆的最大长度不超过 1.2cm。

(5) 将线缆放入 RJ-45 插头,如图 4.26 所示,在放置过程中注意 RJ-45 插头的把子朝下,并保持线缆的颜色顺序不变。

(6) 检查放入 RJ-45 插头的线缆颜色顺序,并确保线缆的末端已位于 RJ-45 插头的顶端。

(7) 确认无误后,用压线工具用力压制 RJ-45 插头,如图 4.27 所示,以使 RJ-45 插头内部的金属薄片能穿破线缆的绝缘层。

图 4.25 用剥线钳剥双绞线绝缘皮   图 4.26 双绞线插入水晶头   图 4.27 卡线钳压线

(8) 重复步骤(1)~(7)制作线缆的另一端,直至完成直连线的制作,如图 4.28 所示。

(9) 用网线测试仪检查自己所制作完成的网线,如图 4.29 所示,确认其达到直连线线缆的合格要求,否则按测试仪提示重新制作直连线。

图 4.28 两端压制好水晶头的电缆线　　图 4.29 用电缆检查仪检测断路或短路

表 4.3　TIA/EIA 568A/568B 标准

引脚位	1	2	3	4	5	6	7	8
568A	绿白	绿	橙白	蓝	蓝白	橙	棕白	棕
568B	橙白	橙	绿白	蓝	蓝白	绿	棕白	棕

2. 交叉线制作

(1) 按照制作直通线中的步骤(1)～(7)制作线缆的一端。

(2) 用剥线工具在线缆的另一端剥出一定长度的线缆。

(3) 用手将 4 对绞在一起的线缆按绿白、绿、橙白、蓝、蓝白、橙、棕白、棕色的顺序拆分开来并小心地拉直。

(4) 按表 4.3 中 568A 的顺序调整线缆的颜色顺序,也就是交换橙线与蓝线的位置。

(5) 将线缆整平直并剪齐,确保平直线缆的最大长度不超过 1.2cm。

(6) 将线缆放入 RJ-45 插头,如图 4.26 所示,在放置过程中注意 RJ-45 插头的把子朝下,并保持线缆的颜色顺序不变。

(7) 检查已放入 RJ-45 插头的线缆颜色顺序,并确保线缆的末端已位于 RJ-45 插头的顶端。

(8) 确认无误后,用压线工具用力压制 RJ-45 插头,如图 4.27 所示,以使 RJ-45 插头内部的金属薄片能穿破线缆的绝缘层。

(9) 用网线测试仪检查自己所制作完成的网线,如图 4.29 所示,确认其达到交叉线线缆的合格要求,否则按测试仪提示新制作交叉线。

4.9.2　任务 2　使用交换机组建局域网

操作步骤如下。

(1) 在交换机和计算机的电源处于关闭状态时,将 4 台计算机和交换机用直通双绞线,按如图 4.30 所示连接起来。

(2) 打开交换机电源,启动计算机,将 4 台计算机的 TCP/IP 分别配置为 192.168.1.1、192.168.1.2、192.168.1.3 和 192.168.1.4,子网掩码是 255.255.255.0,从而形成一个局域网。

网络互联设备

交换机
PC1
PC2
PC3
PC4
IP=192.168.1.1~192.168.1.4
SM=255.255.255.0

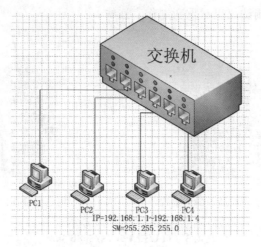

图 4.30　交换机组网

(3) 分别在 4 台计算机上运行"Ping 目标 IP 地址"命令,可以查看网络是否联通。

(4) 例如,在 PC2 计算机桌面上单击"开始"|"运行",输入"Ping 192.168.1.1 -t",如图 4.31 所示。这表示 PC2 已连接上 PC1。其余 PC1、PC3、PC4 按步骤(4)进行验证。

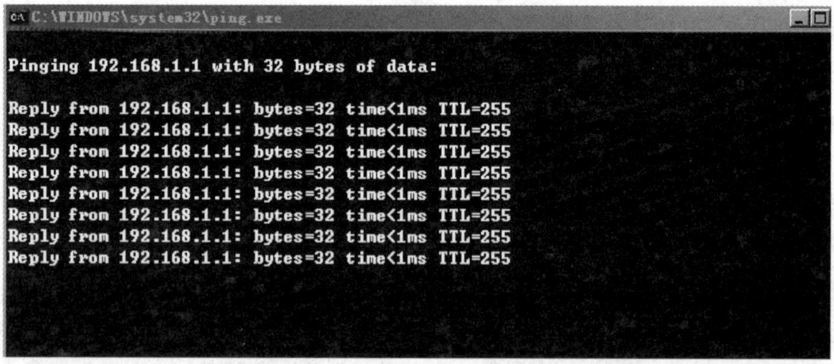

C:\WINDOWS\system32\ping.exe
Pinging 192.168.1.1 with 32 bytes of data:
Reply from 192.168.1.1: bytes=32 time<1ms TTL=255
Reply from 192.168.1.1: bytes=32 time<1ms TTL=255
Reply from 192.168.1.1: bytes=32 time<1ms TTL=255
Reply from 192.168.1.1: bytes=32 time<1ms TTL=255
Reply from 192.168.1.1: bytes=32 time<1ms TTL=255
Reply from 192.168.1.1: bytes=32 time<1ms TTL=255
Reply from 192.168.1.1: bytes=32 time<1ms TTL=255
Reply from 192.168.1.1: bytes=32 time<1ms TTL=255

图 4.31　Ping 命令窗口

4.9.3　任务 3　无线路由器的安装与设置

下面以路由器 IP 地址 192.168.1.1 为例进行介绍,操作步骤如下。

(1) 右击桌面上的"网上邻居",选择"属性"命令,如图 4.32 所示。

(2) 在弹出的"网上邻居"窗口中右击"本地连接",然后再选择"属性"命令,如图 4.33 所示。

(3) 在弹出的"本地连接 属性"对话框中找到"Internet 协议(TCP/IP)",再单击"属性"按钮,如图 4.34 所示。

(4) 在弹出的"Internet 协议(TCP/IP)属性"对话框中,选择"使用下面的 IP 地址",然后设置"IP 地址"为"192.168.1.2","子网掩码"为"255.255.255.0","默认网关"为"192.168.1.1"。此时,顺便将 DNS 服务器的地址也设置好,如图 4.35 所示。

设置好本地的 IP 地址后,就可以登录路由器进行设置了。

图 4.32　右击"网上邻居"　　　　　　　　图 4.33　选择"属性"命令

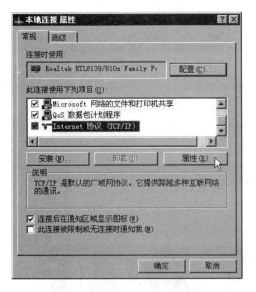

图 4.34　"本地连接 属性"对话框

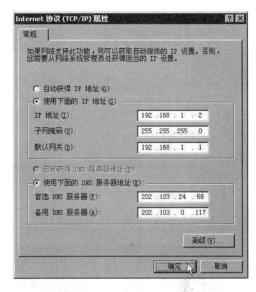

图 4.35　TCP/IP 属性

（5）登录路由器。打开 IE 浏览器窗口,在地址栏中输入路由器的 IP 地址,然后按回车键确认,如图 4.36 所示。

连接上后会提示输入用户名和密码,一般默认的用户名和密码都是 admin。如果提示用户名或密码错误,则需要通过路由器的说明书来查找用户名和密码,如果还不正确,那只有将路由器重置了。重置方法是将路由器背面的 Resert 键长按 3s（时间根据说明书来定）。

输入正确后可以进入路由器的管理页面。接下来使用设置向导来配置路由器自动拨号接入 Internet。

① 首先在管理页面的右边找到"设置向导"并单击打开向导页面,如图 4.37 所示。

② 看完"设置向导"的说明后单击"下一步"按钮,在"设置向导-上网方式"窗口中提供了三种最常见的方式,现在使用的是"PPPoE（ADSL 虚拟拨号）"方法,选择后单击"下一步"按钮,如图 4.38 所示。

③ 此时进入的页面将要求输入上网账号和密码,也就是在 ISP 申请到的上网账户和密码。按要求输入上网账号和上网口令（密码）后,单击"下一步"按钮,如图 4.39 所示。

网络互联设备

图 4.36　登录路由器

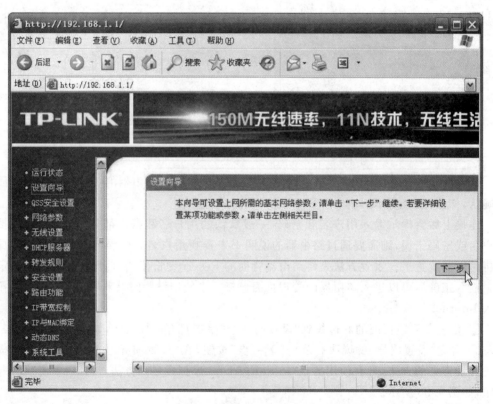

图 4.37　路由器向导界面

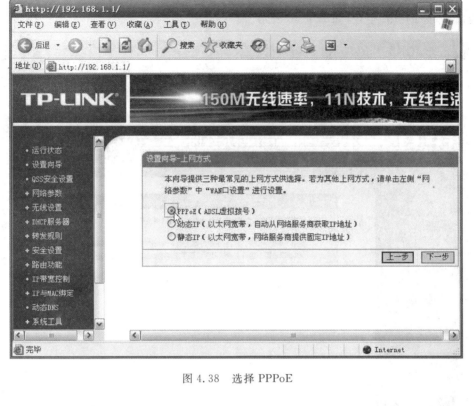

图 4.38　选择 PPPoE

图 4.39　输入上网账号和密码

④ 最后是设置完成的提示页面。需要按要求单击页面中的"重启"按钮后,将路由器重启才能使刚才的设置生效,如图 4.40 所示。

图 4.40　重启

等路由器重启后,会自动按刚才设置的 PPPoE 账户进行拨号接入 Internet,并通过其提供的 LAN 接口将连接共享出来。此时,只要是连接到这台路由器并配置好 TCP/IP 的计算机,都可以实现上网。

习　题

一、选择题

1. 可以自动侦测出网络的传输速率,并兼容两种不同的网络传输速率的网卡是_____。

    A. 500Mb/s   B. 10Mb/s/100Mb/s 自适应

    C. 100Mb/s   D. 5Mb/s

2. 10BASE-T 标准规定连接节点与集线器之间的非屏蔽双绞线最长为_____。

    A. 185m   B. 100m   C. 300m   D. 50m

3. 中继器属于 OSI 模型的哪一层？_____

    A. 1   B. 2   C. 3   D. 5

4. 通过集线器的_____端口级联可以扩大局域网的覆盖范围。

    A. 自适应   B. 普通   C. 网管   D. 向上连接

5. 在数据链路层实现网络互联的设备是_____。

    A. 中继器   B. 网桥   C. 路由器   D. 网关

6. 网关运行在 OSI 模型的哪一层上？_____

    A. 第一层和第二层   B. 第二层和第三层

    C. 第六层和第七层   D. 所有的层

7. 连接广域网中的计算机与传输介质的网络联接设备是_____。

    A. 路由器   B. 交换机   C. 集线器   D. 网卡

8. 在目前使用的 RIP 中,通常使用以下_____参数表示距离。

    A. 带宽   B. 延迟   C. 跳数   D. 负载

9. 一台路由器的路由表如表 4.4 所示。

表 4.4 路由表

要到达的网络	下一路由器
10.0.0.0	20.5.2.25
12.0.0.0	25.5.3.7
192.168.1.0	22.2.8.56
195.168.1.0	24.26.2.2

当路由器接收到源 IP 地址为 10.0.1.25,目的 IP 地址为 191.168.1.25 的数据包时,它对该数据包的处理方式为_____。

    A. 投递到 192.168.1.0   B. 投递到 195.168.1.0

    C. 投递到 22.2.8.56   D. 丢弃

10. 在计算机网络中,能将异种网络互联起来,实现不同网络协议相互转换的网络互联设备是_____。

    A. 集线器   B. 网关   C. 路由器   D. 交换机

二、填空题

1. 在局域网交换机中,交换机只要接收并检测到目的地址字段就立即将该帧转发出去,帧出错检测任务由站点主机完成,这种交换方法叫作_____。

2. 局域网交换机首先完整地接收数据帧,并进行差值检测。如果正确,则根据帧目的地址确定输出端口再转发出去,这种交换方式为_____。

3. 交换机的互连方式可分为_____、_____和_____。

4. 网桥可以在互联的多个局域网之间实现数据接收、地址_____与数据转发功能。

5. Ethernet 的 MAC 地址长度为_____位。

6. 路由器工作在 OSI 模型中的第_____层,交换机工作在 OSI 模型中的第_____

层,网卡工作在 OSI 模型中的第_____层。

7. 光纤分为_____和_____两种。

8. 根据带宽和用途来划分,同轴电缆可分为基带同轴电缆和_____。

9. 网线制作方式有直通式和_____。

10. TIA/EIA 568B 的线序为白橙,_____,_____,蓝,蓝白,_____,_____,棕。

三、简答题

1. 网络互联的目的是什么?

2. 中继器有什么作用? 简述其工作原理。

3. 试叙述集线器与交换机的区别。

4. 试叙述交换机与路由器的区别。

5. 什么是无线网络? 什么是无线介质?

6. 什么是直通双绞线? 什么是交叉双绞线?

7. 工作在物理层的部件和设备有哪些?

8. 什么是网关? 有何作用?

第5章 | Internet 应用及其设置

本章学习目标
- 了解 Internet 的相关知识
- 掌握 Internet 地址与域名相关知识
- 熟练 Internet 的接入方式
- 了解 Internet 的各种应用
- 掌握常用的网络命令

5.1 Internet 概述

Internet 是全球最大的计算机网络,它向我们提供了电子邮件、WWW 浏览、FTP 文件传输、远程登录、BBS 电子公告栏、电子商务、网络聊天等多种服务,大大地改变了人们的工作、学习和生活。

5.1.1 Internet 的起源和发展

Internet 的发展史要追溯到美国最早的军用计算机网络 ARPAnet,ARPAnet 同时也是世界上第一个远程分组交换网。ARPAnet 于 1969 年 12 月建成时只有 4 个节点,随着越来越多的节点加入,在短短的三年间 ARPAnet 就跨越了全美国。在 ARPAnet 的发展过程中,人们发现 ARPAnet 协议很难运行于多个网络之上,于是人们又研究和开发了适于互联网络通信的 TCP/IP,并开发了一整套方便适用的网络接口应用程序和大量的工具软件、管理软件,将它们集成在 Berkeley UNIX 操作系统中,这使得网络的互联变得非常容易,从而激发更多的网络加入 ARPAnet。

由于 ARPAnet 是美国国防部所管辖的网络,不可避免地限制了一些大学使用 ARPAnet,为此美国国家科学基金会(NSF)于 1984 年开始着手筹建一个向所有大学开放的计算机网络。NSF 利用 56kb/s 的租用线路建成了连接全美 6 个超级计算机中心的骨干网,并且筹集资金将大约二十个地区网络联接到骨干网上,骨干网和地区网相联的整个网络被称为 NSFnet,NSFnet 通过线路与 ARPAnet 相连。

与此同时,其他国家和地区也建立了类似于 NSFnet 的网络,这些网络通过通信线路同 NSFnet 或 ARPAnet 相联,20 世纪 80 年代中期,人们将这些互联在一起的网络看作一个互联网络,后来就以 Internet 来称呼它。

Internet 的规模一直呈指数增长,除了网络规模在扩大外,Internet 应用领域也在走向多元化。最初的网络应用主要是电子邮件、新闻组、远程登录和文件传输,网络用户主要是科技工作者。然而到了 20 世纪 90 年代早期,一种新型的网络应用——万维网问世后,一下子将无数非学术领域的用户带进了网络世界,万维网以其信息量大、查询快捷方便而很快被人们所接受。随着多媒体通信业务的开通,Internet 已经实现了网上购物、远程教育、远程医疗、视频点播、视频会议、网上购物等新应用,可以说 Internet 的应用领域已经深入到社会生活的方方面面。

5.1.2　Internet 的概念

Internet 即互联网、因特网,指由多个计算机网络相互联接而成的一个网络,它是在功能和逻辑上组成的一个大型网络。采用 TCP/IP。

Internet 从广义上来说就是"联接网络的网络"。这种将计算机网络互相联接在一起的方法称为网络互联。作为专有名词,它所指的是全球公有、使用 TCP/IP 这套通信协议的一个计算机系统,这个系统所提供的信息与服务,以及系统的用户。因此,世界上这个最大的互联网络也被简称为"互联网"。

5.1.3　Internet 的特点

Internet 是一个全世界范围内的、巨大无比的计算机网络,它拥有成千上万的主机和数以千万计的网络用户。在 Internet 上,成千上万的主机为网络提供信息。在 Internet 上,人们可以学习、娱乐、上班、购物、沟通、交友。随着 Internet 技术的发展,人们将可以在 Internet 上从事各种各样的与信息相关的活动,Internet 将改变人们的生活方式。

Internet 具有如下特点。

1. 自由

互联网是一个无国界的虚拟自由空间,在上面信息的流动自由、用户的言论自由、用户的使用自由。

2. 开放

互联网是世界上最开放的计算机网络。任何一台计算机只要支持 TCP/IP 就可以连接到互联网上,实现信息等资源的共享。

3. 免费

在互联网内,虽然有一些付款服务,但绝大多数的互联网服务都是免费提供的,而且在互联网上有许多信息和资源也是免费的。

4. 平等

互联网上是"不分等级"的,一台计算机与其他任何一台计算机在互联网上是平等的,没有哪一台比其他的更具有特权。

5. 交互

互联网作为平等自由的信息沟通平台,信息的流动和交互是双向的,信息沟通双方可以平等地与另一方进行交互,而不管对方是大还是小,是弱还是强。

6. 合作

互联网是一个没有中心的自主式的开放组织。互联网上的发展强调的是资源共享和双赢发展的发展模式。

7. 个性

互联网作为一个新的沟通虚拟社区,它可以鲜明地突出个人的特色,只有有特色的信息和服务,才可能在互联网上不被信息的海洋所淹没,互联网引导的是个性化的时代。

8. 虚拟

互联网的一个重要特点是它通过对信息的数字化处理,通过信息的流动来代替传统实物流动,使得互联网通过虚拟技术具有许多传统现实中才具有的功能。

9. 持续

互联网是一个飞速旋转的涡轮,它的发展是持续的,今天的发展给用户带来价值,推动着用户寻求进一步发展带来更多价值。Internet 是 Intel 公司前总裁安德鲁夫所称为的"十倍速力量"。

10. 全球

互联网从一开始商业化运作,就表现出无国界性,信息流动是自由的、无限制的。因此,互联网从一诞生就是全球性的产物,当然全球化同时并不排除本地化,如互联网上的主流语言是英语,但中国人习惯的还是汉语。

5.1.4　Internet 的组成

Internet 通过分层结构来实现规模广泛的连接和众多的功能,其结构从下到上分为物理网、协议、应用软件和信息等 4 层。

1. 物理网

物理网把分布在不同物理位置的计算机互相连接起来,是实现 Internet 通信的基础。物理网中包括各种服务器、工作站、路由器、集线器、接入设备等,拨号入网的计算机也是网上的一员,连接这些计算机和设备的"纽带"是通信线路,包括看得见的光纤、同轴电缆和双绞线以及看不见的无线卫星信道、微波通道等。物理网像一个巨大的蜘蛛网,不断延伸,覆盖着全球。物理网的作用类似于现实生活中的运输工具,传送网络信息流,为实现计算机之间的数据通信、协同工作和资源共享等功能提供物理上的连接。

2. 协议

协议是网络通信共同遵守的语言规范。协议是网络不可缺少的内容,通过协议计算机之间才能进行交流,相互传递信息。在 Internet 上传输的每个消息至少遵守以下三个协议。

1) 网络协议

网络协议负责将消息从一个地方传送到另一个地方。Internet 将消息从一个主机传送到另一个主机所使用的协议称为网间协议,这是 Internet 的网络协议。网间协议负责将消息发送到指定接收的主机。

2) 传输协议

传输协议管理被传送信息的完整性。消息在传送时被分割成一个个的小包,传输控制协议(TCP)负责收集这些信息包,并将其按适当的次序放好来发送,在接收端收到后再将其正确地还原。传输协议保证数据包在传送中正确无误。在 Internet 中,网间协议和传输协议配合工作,即人们常说的 TCP/IP。

3) 应用程序协议

应用程序协议负责将网络传输的数据转换成能够识别的信息。应用程序协议几乎和应用程序一样多,如 SMTP(简单邮件传输协议)、FTP(文件传输协议)、SNMP(简单网络管理协议)、WAIS(Wide Area Information Server,广域信息服务系统)和 HTTP(超文本传输协议)等。

3. 应用软件

实际上,Internet 和人们直接发生关系的既不是物理网,也不是网络协议,而是网络应用软件。它们是人们使用网络时必须借助的基本工具,是人与网络交互的界面和入口。

5.1.5 Internet 的功能

当你进入 Internet 后就可以利用其中各个网络和各种计算机上无穷无尽的资源,同世界各地的人们自由地通信和交换信息,以及去做通过计算机能做的各种各样的事情,享受 Internet 为我们提供的各种服务。

1. Internet 上提供了高级浏览 WWW 服务

WWW,也叫作 Web,是登录 Internet 后最常利用到的 Internet 的功能。人们连入 Internet 后,有一半以上的时间都是在与各种各样的 Web 页面打交道。在基于 Web 的方式下,我们可以浏览、搜索、查询各种信息,可以发布自己的信息,可以与他人进行实时或者非实时的交流,可以游戏、娱乐、购物等。

2. Internet 上提供了电子邮件 E-mail 服务

在 Internet 上,电子邮件或称为 E-mail 系统是使用最多的网络通信工具,E-mail 已成为倍受人们欢迎的通信方式。人们可以通过 E-mail 系统同世界上任何地方的朋友交换电子邮件。不论对方在哪里,只要他也可以连入 Internet,那么你发送的信只需要几分钟的时间就可以到达了。

3. Internet 上提供了远程登录 Telnet 服务

远程登录就是通过 Internet 进入和使用远距离的计算机系统,就像使用本地计算机一样。远端的计算机可以在同一间屋子里,也可以远在数千千米之外。它使用的工具是 Telnet。它在接到远程登录的请求后,就试图把你所在的计算机同远端计算机连接起来。一旦联通,你的计算机就成为远端计算机的终端。你可以正式注册(Login)进入系统成为合法用户,执行操作命令,提交作业,使用系统资源。在完成操作任务后,通过注销(Logout)退出远端计算机系统,同时也退出 Telnet。

4. Internet 上提供了文件传输 FTP 服务

FTP(文件传输协议)是 Internet 上最早使用的文件传输程序。它同 Telnet 一样,使用户能登录到 Internet 上的一台远程计算机,把其中的文件传送回自己的计算机系统,或者反过来,把本地计算机上的文件传送并装载到远方的计算机系统。利用这个协议,我们就可以下载免费软件,或者上传自己的主页。

5.2 Internet 地址与域名

5.2.1 IP 地址

1. IP 地址的概念

众所周知,在电话通信中,电话用户是靠电话号码来识别的。同样地,在网络中为了区别不同的计算机,也需要给计算机指定一个号码,这个号码就是"IP 地址"。

IP 地址也像是我们的家庭住址一样,如果你要写信给一个人,就要知道他(她)的地址,这样邮递员才能把信送到。计算机发送信息就好比是邮递员,它必须知道唯一的"家庭地址"才能不至于把信送错人家。只不过我们的地址使用文字来表示,计算机的地址用十进制数字表示。

实际上,每个连接在 Internet 上的主机分配的是一个 32b 的地址。按照 TCP/IP 规定,IP 地址用二进制来表示,每个 IP 地址长 32b,比特换算成字节,就是 4B。例如,一个采用二进制形式的 IP 地址是"00001010000000000000000000000001",这么长的地址,人们处理起来太费劲了。为了方便人们使用,IP 地址经常被写成十进制的形式,中间使用符号"."分开不同的字节。于是上面的 IP 地址可以表示为"10.0.0.1"。IP 地址的这种表示法叫作"点分十进制表示法",这显然比 1 和 0 容易记忆得多。

2. IP 构成

Internet 上的每台主机(Host)都有一个唯一的 IP 地址。IP 协议就是使用这个地址在主机之间传递信息,这是 Internet 能够运行的基础。IP 地址的长度为 32 位,分为 4 段,每段 8 位,用十进制数字表示,每段数字范围为 $0\sim255$,段与段之间用句点隔开,例如 159.226.1.1。

像电话号码包括区号和号码一样,IP 地址也由两部分组成,一部分为网络地址,另一部分为主机地址。将 IP 地址分成网络号和主机号两部分,设计者就必须决定每部分包含多少位。网络号的位数直接决定了可以分配的网络数(计算方法:2^网络号位数−2);主机号的位数则决定了网络中最大的主机数(计算方法:2^主机号位数−2)。然而,由于整个互联网所包含的网络规模可能比较大,也可能比较小,设计者最后聪明地选择了一种灵活的方案:将 IP 地址空间划分成不同的类别,每一类具有不同的网络号位数和主机号位数。

3. IP 地址的分类

最初设计互联网络时,为了便于寻址以及层次化地构造网络,每个 IP 地址包括两个标识码(ID),即网络 ID 和主机 ID。同一个物理网络上的所有主机都使用同一个网络 ID,网络上的一个主机(包括网络上的工作站、服务器和路由器等)有一个主机 ID 与其对应。Internet 委员会定义了 5 种 IP 地址类型以适合不同容量的网络,即 A、B、C、D、E 这 5 类,如图 5.1 所示。其中,A、B、C 这三类如表 5.1 所示。由 Inter NIC 在全球范围内统一分配,D、E 类为特殊地址,未使用。常用的是 B 和 C 两类。

A类	0	网络地址(7位)	主机地址(24位)	
B类	10	网络地址(14位)	主机地址(16位)	
C类	110	网络地址(21位)	主机地址(8位)	
D类	1110	多播地址(28位)		
E类	11110	保留用于将来和实验使用		

图 5.1　IP 地址分类

Internet 应用及其设置

表 5.1　A、B、C 类地址分配

网络类别号	最大网络数	第一个可用的网络号	最后一个可用的网络号	每个网络中的最大主机数
A	126	1	126	16 777 214
B	16 382	128.1	191.255	65 534
C	2 097 150	192.0.1	223.255.255	254

1) A 类 IP 地址

一个 A 类 IP 地址是指,在 IP 地址的 4 段号码中,第一段号码为网络号码,剩下的三段号码为本地计算机的号码。如果用二进制表示 IP 地址,A 类 IP 地址就由 1B 的网络地址和 3B 的主机地址组成,网络地址的最高位必须是"0"。A 类 IP 地址中网络的标识长度为 7b,主机标识的长度为 24b,A 类网络地址数量较少,可以用于主机数达一千六百多万台的大型网络。

A 类 IP 地址的范围是 1.0.0.1~126.255.255.254(二进制表示为 00000001 00000000 00000000 00000001~01111110 11111111 11111111 11111110)。

A 类 IP 地址的子网掩码为 255.0.0.0,每个网络支持的最大主机数为 $256^3 - 2 =$ 16 777 214 台。

2) B 类 IP 地址

一个 B 类 IP 地址是指,在 IP 地址的 4 段号码中,前两段号码为网络号码。如果用二进制表示 IP 地址,B 类 IP 地址就由 2B 的网络地址和 2B 的主机地址组成,网络地址的最高位必须"10"。B 类 IP 地址中网络的标识长度为 14b,主机标识的长度为 16b,B 类网络地址适用于中等规模的网络,每个网络所能容纳的计算机数为六万多台。

B 类 IP 地址的范围是 128.1.0.1~191.254.255.254(二进制表示为 10000000 00000001 00000000 00000001~10111111 11111110 11111111 11111110)。

B 类 IP 地址的子网掩码为 255.255.0.0,每个网络支持的最大主机数为 $256^2 - 2 =$ 65 534 台。

3) C 类 IP 地址

一个 C 类 IP 地址是指,在 IP 地址的 4 段号码中,前三段号码为网络号码,剩下的一段号码为本地计算机的号码。如果用二进制表示 IP 地址,C 类 IP 地址就由 3B 的网络地址和 1B 的主机地址组成,网络地址的最高位必须是"110"。C 类 IP 地址中网络的标识长度为 24b,主机标识的长度为 8b,C 类网络地址数量较多,适用于小规模的局域网络,每个网络最多只能包含 254 台计算机。

C 类 IP 地址的范围是 192.0.1.1~223.255.254.254(二进制表示为 11000000 00000000 00000001 00000001~11011111 11111111 11111110 11111110)。

C 类 IP 地址的子网掩码为 255.255.255.0,每个网络支持的最大主机数为 $256 - 2 =$ 254 台。

除了以上三种类型的 IP 地址外,还有几种特殊类型的 IP 地址,TCP/IP 规定,凡 IP 地址中的第一个字节以"1110"开始的地址都叫多点广播地址。因此,任何第一个字节大于 223 小于 240 的 IP 地址是多点广播地址;IP 地址中的每一个字节都为 0 的地址(0.0.0.0)对应于当前主机;IP 地址中的每一个字节都为 1 的 IP 地址(255.255.255.255)是当前子网的广播地址；IP 地址中凡是以"11110"开头的地址都留着将来作为特殊用途使用；IP 地址中不能以十进制"127"作为开头，该类地址中数字 127.0.0.1 到 127.1.1.1 用于回路测试，如 127.0.0.1 可以代表本机 IP 地址，用"http://127.0.0.1"就可以测试本机中配置的 Web 服务器。网络 ID 的第一个 6 位组也不能全置为"0"，全"0"表示本地网络。D 类 IP 地址的第一个字节以"1110"开始，它是一个专门保留的地址。它并不指向特定的网络，目前这一类地址被用在多点广播(Multicast)中。多点广播地址用来一次寻址一组计算机，它标识共享同一协议的一组计算机。地址范围为 224.0.0.1～239.255.255.254。E 类 IP 地址以"11110"开始，保留用于将来和实验使用。特殊用途的地址如表 5.2 所示。

表 5.2　特殊 IP 地址

网络 ID	主机 ID	地址类型	用　途
Any	全 0	网络地址	代表一个网段
Any	全 1	广播地址	特定网段的所有节点
127	Any	环回地址	环回测试
全 0		本机地址/所有网络	启动时使用/通常用于指定默认路由
全 1		广播地址	本网段所有节点

4. IP 的分配

TCP/IP 需要针对不同的网络进行不同的设置，且每个节点一般需要一个"IP 地址"、一个"子网掩码"、一个"默认网关"。不过，可以通过动态主机配置协议(DHCP)，给客户端自动分配一个 IP 地址，避免了出错，也简化了 TCP/IP 的设置。

1) 公有 IP 和私有 IP

(1) 公有地址(Public Address)由 Inter NIC(Internet Network Information Center，因特网信息中心)负责。这些 IP 地址分配给注册并向 Inter NIC 提出申请的组织机构，通过它直接访问因特网。

(2) 私有地址(Private Address)属于非注册地址，专门为组织机构内部使用。以下列出留用的内部私有地址。

A 类：10.0.0.0～10.255.255.255

B 类：172.16.0.0～172.31.255.255

C 类：192.168.0.0～192.168.255.255

2) 局域网中的可用 IP

在一个局域网中，有两个 IP 地址比较特殊，一个是网络号，一个是广播地址。网络号是用于三层寻址的地址，它代表了整个网络本身；另一个是广播地址，它代表了网络全部的主机。网络号是网段中的第一个地址，广播地址是网段中的最后一个地址，这两个地址是不能配置在计算机主机上的。

例如，在 192.168.0.0、255.255.255.0 这样的网段中，网络号是 192.168.0.0/24，广播地址是 192.168.0.255。因此，在一个局域网中，能配置在计算机中的地址比网段内的地址要少两个(网络号、广播地址)，这些地址称为主机地址。在上面的例子中，主机地址就只有 192.168.0.1～192.168.0.254 可以配置在计算机上了。

Internet 应用及其设置

例如,在 192.168.0.0、255.255.255.128 这样的网段中,网络号是 192.168.0.0/25,广播地址是 192.168.0.127。因此,在一个局域网中,能配置在计算机中的地址比网段内的地址要少两个(网络号、广播地址),这些地址称为主机地址。在上面的例子中,主机地址就只有 192.168.0.1~192.168.0.126 可以配置在计算机上了。

3) IPv4 和 IPv6

现有的互联网是在 IPv4 协议的基础上运行的。IPv6 是下一版本的互联网协议,也可以说是下一代互联网的协议,它的提出最初是因为随着互联网的迅速发展,IPv4 定义的有限地址空间将被耗尽,而地址空间的不足必将妨碍互联网的进一步发展。为了扩大地址空间,拟通过 IPv6 以重新定义地址空间。IPv4 采用 32 位地址长度,只有大约 43 亿个地址,估计在 2005—2010 年间将被分配完毕,而 IPv6 采用 128 位地址长度,几乎可以不受限制地提供地址。按保守方法估算 IPv6 实际可分配的地址,整个地球的每平方米面积上仍可分配一千多个地址。在 IPv6 的设计过程中,除解决了地址短缺问题以外,还考虑了在 IPv4 中解决不好的其他一些问题,主要有端到端 IP 连接、服务质量(QoS)、安全性、多播、移动性、即插即用等。

与 IPv4 相比,IPv6 主要有如下一些优势。第一,明显地扩大了地址空间。IPv6 采用 128 位地址长度,几乎可以不受限制地提供 IP 地址,从而确保了端到端连接的可能性。第二,提高了网络的整体吞吐量。由于 IPv6 的数据包可以远远超过 64kB,应用程序可以利用最大传输单元(MTU),获得更快、更可靠的数据传输,同时在设计上改进了选路结构,采用简化的报头定长结构和更合理的分段方法,使路由器加快数据包处理速度,提高了转发效率,从而提高网络的整体吞吐量。第三,使得整个服务质量得到很大改善。报头中的业务级别和流标记通过路由器的配置可以实现优先级控制和 QoS 保障,从而极大改善了 IPv6 的服务质量。第四,安全性有了更好的保证。采用 IPSec 可以为上层协议和应用提供有效的端到端安全保证,能提高在路由器水平上的安全性。第五,支持即插即用和移动性。设备接入网络时通过自动配置可自动获取 IP 地址和必要的参数,实现即插即用,简化了网络管理,易于支持移动节点。而且 IPv6 不仅从 IPv4 中借鉴了许多概念和术语,还定义了许多移动 IPv6 所需的新功能。第六,更好地实现了多播功能。在 IPv6 的多播功能中增加了“范围”和“标志”,限定了路由范围和可以区分永久性与临时性的地址,更有利于多播功能的实现。

目前,随着互联网的飞速发展和互联网用户对服务水平要求的不断提高,IPv6 在全球将会越来越受到重视。

4) 查互联网中已知域名主机的 IP

(1) 用 Windows 自带的网络小工具 Ping.exe。

如果想知道 www.sina.com.cn 的 IP 地址,只要在 DOS 窗口下输入命令“ping www.sina.com.cn”,就可以看到 IP 了。

(2) 用工具查。

这里以网络刺客 II 为例来介绍。

网络刺客 II 是天行出品的专门为安全人士设计的中文网络安全检测软件,运行网络刺客 II,进入主界面,选择“工具箱”菜单下的“IP<->主机名”,将出现一个对话框,在“输入 IP 或域名”下面的框中写入对方的域名(这里假设对方的域名为 www.sina.com.cn),单击“转换成 IP"按钮，对方的 IP 就出来了，是 202.106.184.200。

5）查询设置本机的 IP

单击"开始"｜"运行"，输入"cmd"->"ipconfig/all"命令，可以查询本机的 IP 地址，以及子网掩码、网关、物理地址（MAC 地址）、DNS 等详细情况。

本机的 IP 地址可以通过"网上邻居"｜"属性"｜"TCP/IP 协议"来设置。

下面介绍子网的计算。

在思科网络技术学院 CCNA 教学和考试当中，不少人在进行 IP 地址规划时总是很头疼子网和掩码的计算。现在介绍一个小窍门，可以顺利地解决这个问题。

首先看一个 CCNA 考试中常见的题型：一个主机的 IP 地址是 202.112.14.137，掩码是 255.255.255.224，要求计算这个主机所在网络的网络地址和广播地址。

常规办法是把这个主机地址和子网掩码都换算成二进制数，两者进行逻辑与运算后即可得到网络地址。其实只要仔细想想，可以得到另一个方法：255.255.255.224 的掩码所容纳的 IP 地址有 256－224＝32 个（包括网络地址和广播地址），那么具有这种掩码的网络地址一定是 32 的倍数。而网络地址是子网 IP 地址的开始，广播地址是结束，可使用的主机地址在这个范围内，因此略小于 137 而又是 32 的倍数的只有 128，所以得出网络地址是 202.112.14.128。而广播地址就是下一个网络的网络地址减 1。而下一个 32 的倍数是 160，因此可以得到广播地址为 202.112.14.159。可参照图 5.2 来理解本例。

	0	7 8		31
A类地址	网络号	主机号		
A类子网掩码	1111111	00000000000000000000000		
	0	15 16		31
B类地址	网络号	主机号		
B类子网掩码	111111111111111	0000000000000000		
	0	23 14		31
C类地址	网络号	主机号		
C类子网掩码	111111111111111111111111	00000000		

图 5.2　A、B、C 子网掩码

需要 10＋1＋1＋1＝13 个 IP 地址（注意加的第一个 1 是指这个网络连接时所需的网关地址，接着的两个 1 分别是指网络地址和广播地址。）13 小于 16（16 等于 2 的 4 次方），所以主机位为 4 位。而 256－16＝240，所以该子网掩码为 255.255.255.240。

如果一个子网有 14 台主机，不少人常犯的错误是：依然分配具有 16 个地址空间的子网，而忘记了给网关分配地址。这样就错了，因为 14＋1＋1＋1＝17，大于 16，所以只能分配具有 32 个地址（32 等于 2 的 5 次方）空间的子网。这时子网掩码为 255.255.255.224。

局域网络 IP 的规划注意事项如下。

随着公网 IP 地址日趋紧张，中小企业往往只能得到一个或几个真实的 C 类 IP 地址。因此，在企业内部网络中，只能使用专用（私有）IP 地址段。在选择专用（私有）IP 地址时，应当注意以下几点。

（1）为每个网段都分配一个 C 类 IP 地址段，建议使用 192.168.2.0～192.168.254.0段 IP 地址。由于某些网络设备（如宽带路由器或无线路由器）或应用程序（如 ICS）拥有自动分配 IP 地址功能，而且默认的 IP 地址池往往位于 192.168.0.0 和 192.168.1.0 段，因此,在采用该 IP 地址段时,往往容易导致 IP 地址冲突或其他故障。所以,除非必要,应当尽量避免使用上述两个 C 类地址段。

(2) 可采用 C 类地址的子网掩码,如果有必要,可以采用变长子网掩码。通常情况下,不要采用过大的子网掩码,每个网段的计算机数量都不要超过 250 台计算机。同一网段的计算机数量越多,广播包的数量越大,有效带宽就损失得越多,网络传输效率也越低。

(3) 即使选用 10.0.0.1~10.255.255.254 或 172.16.0.1~172.31.255.254 段 IP 地址,也建议采用 255.255.255.0 作为子网掩码,以获取更多的 IP 网段,并使每个子网中所容纳的计算机数量都较少。当然,如果必要,可以采用变长子网掩码,适当增加可容纳的计算机数量。

(4) 为网络设备的管理 WLAN 分配一个独立的 IP 地址段,以避免与网络设备管理 IP 的地址冲突,从而影响远程管理的实现。基于同样的原因,也要将所有的服务器划分至一个独立的网段。

需要注意的是,不要以为同一网络的计算机分配不同的 IP 地址,就可以提高网络传输效率。事实上,同一网络内的计算机仍然处于同一广播域,广播包的数量不会由于 IP 地址的不同而减少,所以,仅仅是为计算机指定不同网段,并不能实现划分广播域的目的。若欲减少广播域,最根本的解决办法就是划分 VLAN,然后为每个 VLAN 分别指定不同的 IP 网段。

5.2.2 域名与域名服务

IP 地址用于 IP 层及 IP 以上的高层,它为 Internet 内部提供一种全局性通用地址,Internet 主机的应用程序可以方便地使用 IP 地址通信。但是,IP 地址结构是长度为 32b 的抽象数字,对于一般用户来说难于大量记忆。由于作为数字的 IP 地址不便于记忆,从 1985 年起,在 IP 地址的基础上开始向用户提供域名系统(Domain Name System,DNS)服务,即用字符来识别网上的计算机,用字符为计算机命名。DNS 就是一种帮助人们在 Internet 上用名字来唯一标识自己的计算机,并保证主机名(域名)和 IP 地址一一对应的网络服务。

域名系统相对于主机的 IP 地址来说,更方便于用户记忆,但在数据传输时,Internet 上的网络互联设备却只能识别 IP 地址,而不能识别域名,因此,当用户输入域名时,必须要能够根据主机域名找到与其相对应的 IP 地址,即将主机域名映射成 IP 地址,这个过程称为域名解析。为了实现域名解析,需要借助于一组既独立又协作的域名服务器(DNS)。域名服务器是一个安装有域名解析处理软件的主机,在 Internet 中拥有自己的 IP 地址。Internet 中存在着大量的域名服务器,每台域名服务器中都设置了一个数据库,其中保存着它所负责区域内的主机域名和主机 IP 地址的对照表。由于域名结构是有层次性的,域名服务器也构成一定的层次结构。

DNS 是一个以分级的、基于域的命名机制为核心的分布式命名数据库系统。

DNS 将整个 Internet 视为一个域名空间(Name Space),域名空间是由不同层次的域 (Domain) 组成的集合。在 DNS 中,一个域代表该网络中要命名资源的管理集合。这些资源通常代表工作站、PC、路由器等,但理论上可以标识任何东西。不同的域由不同的域名服务器来管理,域名服务器来负责管理存放主机名和 IP 地址的数据库文件,以及域中的主机名和 IP 地址映射。每个域名服务器只负责整个域名数据库中的一部分信息,而所有域名服务器中的数据库文件中的主机和 IP 地址集合组成 DNS 域名空间。域名服务器分布在不同的地方,它们之间通过特定的方式进行联络,这样可以保证用户通过本地的域名服务器查找到 Internet 上的所有域名信息。

DNS 的域名空间是由树状结构组织的分层域名组成的集合,如图 5.3 所示。DNS 域名空间树的最上面是一个无名根(Root)域。这个域只是用来定位的,并不包含任何信息。在根域之下就是顶级域名。目前包括下列域名:com、edu、gov、org、mil、net 等。所有的顶级域名都由 Internet 网络信息中心(Internet Network Information Center)控制。顶级域名一般分成组织上的和地理上的两类。

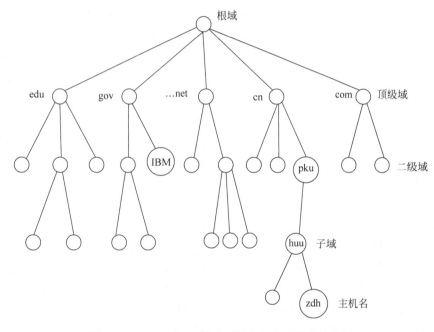

图 5.3　Internet DNS 层次型域名称空间形状结构图

(1) 组织上的域名是按组织管理的层次结构划分所产生的组织型域名,由三个字母组成。

(2) 地理上的域名是根据国家的类别而所产生的地理区域名。这类域名是世界各国家的名称,规定由两个字母组成,大小字母等价,如 CN 和 cn 均表示中国。

表 5.3 列出了部分组织上的顶级域名。表 5.4 列出了部分地理上的顶级域名。

表 5.3　组织上的顶级域名

域 名 代 码	适 用 机 构	域 名 代 码	适 用 机 构
com	公司,商业机构	org	协会等非赢利机构
edu	学术与教育机构	mil	美国军事部门
gov	政府部门机构	pro	专业人员(医生、律师等)
net	网络服务机构	info	信息服务机构

Internet 应用及其设置

表 5.4　地理上的顶级域名

地区代码	国家或地区	地区代码	国家或地区
AR	阿根廷	MO	中国澳门
AU	澳大利亚	US	美国
AT	奥地利	UK	英国
CN	中国	HK	中国香港
CU	古巴	KR	韩国
EG	埃及	JP	日本

按照这些规律,可以猜出某些站点域名,如中国福建教育厅 WWW 网站域名为 www.fjedu.gov.cn,百度公司 WWW 网站域名为 www.baidu.com。这明显比 IP 地址好记得多。

顶级域名之下是二级域名。二级域名通常是由 NIC 授权其他单位或组织自己管理的。

举例来说,berkeley.edu 是伯克利大学的域名,由伯克利大学自己管理,而不是由 NIC 管理。一个拥有二级域名的单位可以根据自己的情况再将二级域名分为更低级的域名授权给单位下面的部门管理。DNS 域名树的最下面的叶节点为单个的计算机。域名的级数通常不多于 5 个。

在 DNS 树中,每个节点都用一个简单的字符串(带点)标识。这样,在 DNS 域名空间中的任何一台计算机都可以用从叶节点到根节点标识,中间用点"."相连的字符串来标识:叶节点名.三级域名.二级域名.顶级域名。

节点标识可以是由英文字母和数字组成(按规定不超过 63 个字符,不区分大小写),级别最低的写在左边,而级别最高的顶级域名则写在最右边。高一级域包含低一级域。完整的域名不超过 255 个字符。比如,mail.cs.pku.edu.cn 这个域名中"mail"是一台主机名,这台计算机是由"cs"域管理的;"cs"表示计算机系,它是属于北京大学"pku"的一部分;"pku"又是中国教育域"edu"的一部分;"edu"又是中国"cn"的一部分;"cn"是中国的域名。这种表示域名的方法可以保证主机域名在整个域名空间的唯一性。

因为即使两个主机的标识是一样的,只要它们的上一级域名不同,那么它们的主机域名就是不同的。比如 mail.math.pku.edu.cn 和 mail.cs.pku.edu.cn 就是两台不同的计算机,一台是北京大学数学系的邮件服务器,另一台是计算机系的邮件服务器。

5.3　Internet 的接入

5.3.1　Internet 与广域网

1. Internet

Internet 是指那些使用公共语言互相通信的计算机连接而成的全球网络。1995 年 10 月 24 日,联合网络委员会通过了一项关于 Internet 的决议,联合网络委员会认为,下述语言反映了对 Internet 这个词的定义:Internet 指的是全球性的信息系统。

通过全球性的唯一的地址逻辑链接在一起。这个地址是建立在"Internet 协议"或今后其他协议基础上的。

可以通过"传输控制协议"和"Internet 协议",或者今后其他接替的协议或与"Internet

协议"世界各国的协议来进行通信。

让公共用户或者私人用户使用高水平的服务。这种服务是建立在上述通信及相关的基础设施之上的。联合网络委员会是从技术的角度来定义 Internet 的,这个定义至少提示了三个方面的内容:首先,Internet 是全球性的;其次,Internet 上的每一台主机都需要有"地址";最后,这些主机必须按照共同的规则(协议)连接在一起。

2. 广域网

前边已经学习过局域网,知道局域网主机之间距离是有限制的,但当主机之间距离较远时,网络如何联通呢? 这个时候就要用到另一种类型的网络——广域网,见图 5.4。广域网主要是为了实现大范围内的远距离数据通信,因此广域网在网络特性和技术实现上与局域网存在着明显的差异。广域网的设备主要是节点交换机和路由器,设备之间采用点到点线路连接。为了提高网络的可靠性,通常一个节点交换机往往可与多个节点交换机相连。

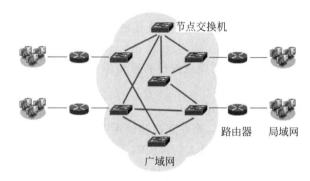

图 5.4　广域网与局域网构成的互联网

由于广域网造价较高,一般都是由国家或较大的电信公司主持建造。一个广域网和由其他连接起来的多个局域网合起来就构成一个自治系统(AS),互联网就是由许多这样的 AS 所组成的。

5.3.2　ISP

我们所使用的计算机只要想连入 Internet,都必须通过或者间接通过 ISP。ISP(Internet Service Provider),即互联网服务提供商,它是用户接入 Internet 的服务代理和用户访问 Internet 的入口点,向广大用户综合提供互联网接入业务、信息业务和增值等业务。表 5.5 列举了部分 Internet 的服务提供商。

表 5.5　Internet 服务提供商

ISP 服务商	相关服务信息
中国电信	拨号上网、ADSL、1X、CDMA1X、EVDO rev. A 等
中国移动	GPRS 及 EDGE 无线上网、一少部分 FTTx 等
中国联通	GPRS、W-CDMA 无线上网、拨号上网、ADSL、FTTx 等
长城宽带	覆盖北京、天津、广东、武汉、福建、四川、上海,宽频接入
创威宽带	覆盖北京市、光纤到楼、专线接入
……	……

1. ISP 服务商的选择

目前,中国三大基础 ISP 服务商分别是中国电信、中国移动和中国联通,也有一些其他的部门提供相关服务。选择 ISP 的时间通常根据以下几个方面来决定。

(1) ISP 的位置。

(2) ISP 离接入点越近效果越好,通常选择当时的 ISP 接入商。

(3) ISP 的出口带宽。

(4) ISP 提供给用户分享的带宽越高,相对用户上网速率的瓶颈就越小。

2. ISP 的传输速率和可靠性

ISP 提供的各种传输速率方案和传输信号的稳定性也起着很重要的作用,例如,移动无线接入在信号过弱或受外界因素影响导致时容易出现掉线、连接不上等情况。

5.3.3　接入 Internet 的方式

接入 Internet 的方式有很多,常见的有以下几种。

1. 通过 XDSL 接入 Internet

DSL 是数字用户线技术,可以利用双绞线高速传输数据。现有的 DSL 技术已有多种,如 HDSL、ADSL、VDSL、zSDSL 等。

2. 通过电缆调制解调器接入 Internet

目前,我国有线电视网遍布全国,而且现在能使用电缆调制解调器(Cable Modem)把网络信号转化成计算机数据信息,这就是人们常说的通过有线电视信号线上网。

3. 无线接入

一些城市的 ISP 服务商为用户提供无线接入服务,用户通过高频天线和 ISP 连接,非常方便,但是受地形、距离、电磁干扰等方面的限制,适合城市里与 ISP 无线接入点不远的用户。

4. 小区宽带

小区宽带是现在接入互联网的一种常用方式,ISP 通过光纤将信号接入小区交换机,然后通过交换机接入家庭。

5.4　Internet 的应用

5.4.1　万维网(WWW)应用

万维网(World Wide Web,WWW)是一种建立在因特网上的全球性的、交互的、动态的、多平台的、分布式的、超文本超媒体信息查询系统。它也是建立在因特网上的一种网络服务。WWW 网站中包含许多网页,又称 Web 页。网页是用超文本标记语言(HTML)编写的,并在超文本传输协议(HTTP)支持下运行。一个网站的第一个 Web 页称为主页,它主要体现此网站的特点和服务项目,每一个 Web 页都有唯一的地址(URL)来表示。

5.4.2　电子邮件

1. 电子邮件的概念

电子邮件(E-mail)是因特网上使用最广泛的一种服务。电子邮件采用存储转发方式传递,根据电子邮件地址(E-mail Address)由网上多个主机合作实现存储转发。电子邮件具有速度快、费用低等优点。用户可以使用电子邮件发送文字、声音、图像及文件等信息,与世界任一角落的朋友交流。它是人们在 Internet 中进行信息交流一种非常便捷的方式。

2. 电子邮件地址的格式

和人们写信需要地址和邮政编码信息一样,E-mail 要在 Internet 上传递,并准确无误地到达收件人手中,首先需要收发双方有在全世界地址唯一的电子邮箱。这个邮箱的地址就是 E-mail 地址,E-mail 信箱就是用这种地址标识的。任何人都可以将电子邮件投递到电子邮箱中,但只有邮箱的主人才有权打开信箱并处理其中的邮件。

电子邮件地址的格式是:用户名@主机域名,如 login@163.com。

它由收件人用户标识(如姓名或缩写)、字符"@"(读作"at")和电子信箱所在计算机的域名三部分组成。地址中间不能有空格或逗号。

3. 电子邮件的构成

电子邮件都有两个基本部分:信头和信体。

(1) 信头:相当于信封,包括发件人、收件人、抄送、主题,其中发件人地址是唯一的,而我们可以一次给多人发信,所以收件人地址可以有多个,多个地址以分号(;)或逗号(,)隔开。抄送表示在将信发给收件人的同时发给第三方的地址,也可以有多个。主题是信件的标题,大致概括信件的内容。

(2) 信体:相当于信件的内容,可以是单纯的文字,也可以是包括图片、动画等多媒体信箱的超文本,还可以包含附件。

4. 电子邮件的工作过程

电子邮件是通过电子邮箱来进行收发的。电子邮箱是我们在网络上保存邮件的存储空间,每个邮箱都有一个唯一的地址。发信时,邮件被发送到收件人的邮件服务器,存放在属于收件人的电子邮箱里。收信时,用户登录邮件服务器,从自己的邮箱中打开或下载信件。在 Internet 上,邮件服务器一般都是 24 小时工作,随时可以收发邮件,因此,使用电子邮件不受时间和地域的限制,双方的计算机并不需要同时在线。

5.4.3　电子商务

1. 电子商务的基本概念

电子商务(Electronic Commerce),是指对整个贸易活动实现电子化。从涵盖范围方面可以定义为:交易各方以电子交易方式而不是通过当面交换或直接面谈方式进行的任何形式的商业交易。通过电子商务,可以改善产品和服务质量,提高服务传递速度,满足政府组织、厂商和消费者的建设成本的需求,今天的电子商务通过计算机网络将买方和卖方的信息、产品和服务器联系起来。Internet 在全球的迅猛发展将处于不同国度的人们的距离拉近,电子商务成为社会热点,它通过先进的信息网络,将事务活动和贸易活动中发生关系的各方有机地联系起来,极大地方便了各种事务活动和贸易活动。如今,上网的个人、企业、政府、银行越来越多,电子商务受到各地政府和社会各行业的高度重视。

电子商务的关键组成要素有:信息流、资金流、实物流。在从事电子商务活动的时候,关键也就是解决信息流、资金流、实物流的问题。

2. 在线支付

在线支付提供了一个安全、便捷的解决资金流的方式,通过在线支付,买家和卖家能在商品交易的时候方便地进行资金流的传递,而且这种传递是安全的。

3. 物流配送

物流配送是实现网上购物的保证,发达的物流配送服务为电子商务解决了快速、便捷、不分地域的实物流。用户在完成商品的选择和资金的支付后,实物的获取是通过实物流来解决的。在购物的时候,用户选择物流方式,卖方会根据用户的选择委托物流公司来完成商品的运输,最终,卖方和买方足不出户就可以完成商品的交易。很多的购物网站、物流网站提供限时服务,提供实时在线的物流状态跟踪查询,既快捷又安全。

4. 网上银行

网上银行又称网络银行、在线银行,是指银行利用 Internet 技术,通过 Internet 向客户提供开户、销户、查询、对账、行内转账、跨行转账、信贷、网上证券、投资理财等传统服务项目,使客户可以足不出户就能够安全便捷地管理活期和定期存款、支票、信用卡及个人投资等。可以说,网上银行是在 Internet 上的虚拟银行柜台。

网上银行又被称为"3A 银行",因为它不受时间、空间限制,能够在任何时间(Anytime)、任何地点(Anywhere)、以任何方式(Anyhow)为客户提供金融服务,打破了传统银行业务的地域、时间限制。

网上银行除了提供传统的银行业务外,还是电子商务中实现电子商务不可或缺的功能,为电子商务提供了资金流安全传输的途径。

5.4.4　FTP 文件传输

在 Internet 上下载 MP3 和免费软件虽然可以通过 Web 方式,但比较常用的方法是使用 FTP 程序。个人主页做好后,一般也通过 FTP 程序上传到 Internet 站点。据统计,FTP 仍然是人们在 Internet 上使用最多的应用软件之一。FTP 也是一种客户/服务器模式的应用软件,必须有 FTP 客户程序才能获得 FTP 功能。用 FTP 访问 FTP 服务器时必须具有合法账号,但目前许多站点都提供 FTP 匿名访问。

早期的 FTP 客户软件一般都是文本模式,Windows XP 也提供了文本方式的程序,但现在在 Internet 上可以下载很多图形用户界面的 FTP 客户软件,这些客户软件还具有断点续传和多线程的功能,使用起来非常方便。例如,具有断点续传的图形界面的 FTP 程序主要有 CuteFTP 和 LeapFTP 等。

5.4.5　远程登录

远程登录 Telnet 就是让用户以模拟终端的方式,登录到 Internet 的某台主机上。一旦连接成功,这些个人计算机就好像是远程计算机的一个终端,可以像使用自己的计算机一样输入命令,运行远程计算机中的程序。远程登录所采用的是 Telnet 协议,Telnet 是 Telecommunication Network Protocol 的缩写,它是一个简单的远程终端协议。远程登录服务所监听的 TCP 连接端口为 23。

Telnet 是出现最早且目前仍然非常流行的一个 Internet 应用。Internet 上有很多应用都是以 Telnet 为使用手段而实现的,典型的例子有电子公告牌 BBS 服务。同时,Telnet 也是网络系统管理员不可缺少的工具之一。系统管理员可以从任何地方登录到要维护的计算机上,对之进行维护,就像直接在控制台进行操作一样。还可以通过 Telnet 访问特定的服务器端口,查看某些服务进程是否正常运行。

5.4.6　在线学习

所谓 E-Learning,即在线学习,是指在由通信技术、微电脑技术、计算机技术、人工智能、网络技术和多媒体技术等所构成的电子环境中进行的学习,是基于技术的学习。企业的 E-Learning 是通过深入到企业内部的互联网络为企业员工提供个性化、没有时间与地域限制的持续教育培训方式,其教学内容是已经规划的、关系到企业未来的、关系到员工当前工作业绩及未来职业发展目标的革新性教程。

E-Learning 的概念一般包含三个主要部分:以多种媒体格式表现的内容;学习过程的管理环境;以及由学习者、内容开发者和专家组成的网络化社区。在当今快节奏的文化氛围中,各种机构都能够利用 E-Learning 让工作团队把这些变化转变为竞争优势。企业通过实施 E-Learning 具有的优势:灵活、便捷,员工可以在任何时间、任何地点进行;通过消除空间障碍,切实降低成本;提高了学习者之间的协作和交互能力。但是我们也要看到在实施 E-Learning 的过程中存在局限性和应该注意的问题。

5.4.7　网络办公

办公自动化(Office Automation,OA)是将现代化办公和计算机网络功能结合起来的一种新型的办公方式,是当前新技术革命中的一个技术应用领域,属于信息化社会的产物。

计算机的诞生和发展促进了人类社会的进步和繁荣,作为信息科学的载体和核心,计算机科学在知识时代扮演了重要的角色。在行政机关、企事业单位工作中,是采用 Internet/Intranet 技术,基于工作流的概念,以计算机为中心,采用一系列现代化的办公设备和先进的通信技术,广泛、全面、迅速地收集、整理、加工、存储和使用信息,使企业内部人员方便快捷地共享信息,高效地协同工作;改变过去复杂、低效的手工办公方式,为科学管理和决策服务,从而达到提高行政效率的目的。一个企业实现办公自动化的程度也是衡量其实现现代化管理的标准。我国专家在第一次全国办公自动化规划讨论会上提出办公自动化的定义为:利用先进的科学技术,使部分办公业务活动物化于人以外的各种现代化办公设备中,由人与技术设备构成服务于某种办公业务目的的人-机信息处理系统。在行政机关中,大都把办公自动化叫作电子政务,企事业单位中就大都叫 OA,以前常叫无纸化办公,后来叫办公自动化,再后来叫 OA。

办公自动化是近年随着计算机科学发展而提出来的新概念。办公自动化英文原称 Office Automation,缩写为 OA。办公自动化系统一般指实现办公室内事务性业务的自动化,而办公自动化则包括更广泛的意义,即包括网络化的大规模信息处理系统。办公自动化没有统一的定义,凡是在传统的办公室中采用各种新技术、新机器、新设备从事办公业务,都属于办公自动化的领域。

通常办公室的业务,主要是进行大量文件的处理,起草文件、通知、各种业务文本,接受外来文件存档,查询本部门文件和外来文件,产生文件复件等。所以,采用计算机文字处理技术生产各种文档,存储各种文档,采用其他先进设备,如复印机、传真机等复制、传递文档,或者采用计算机网络技术传递文档,是办公自动化的基本特征。

5.5 常用网络命令

Windows 是从简单的 DOS 字符界面发展过来的。虽然人们平时在使用 Windows 操作系统的时候,主要是对图形界面进行操作,但是 DOS 命令仍然非常有用,下面就来看看这些常用命令(ping、tracer、ipconfig、ARP)到底有哪些作用,同时学习使用这些命令的技巧。

5.5.1 ping 命令

ping 命令可以用来验证与远程计算机的连接。

1. ping 命令的语法格式

ping[- t][- a][- ncount][- llength][- f][- ittl][- vtos][- rcount][- scount][- j - Hostlist][- kHost - list][- wtimeout]destination - list

2. 参数说明

-t:一直 ping 指定的计算机,直到按下 Ctrl+C 键时中断。

a:将地址解析为计算机名。

-n:发送 count 指定的 ECHO 数据包数,通过这个命令可自定义发送的个数,可用于衡量网络响应速度,即测试发送数据包的返回平均时间。默认值为 4。

-l:发送指定大小的 ECHO 数据包。默认为 32B,最大值是 65 500B。

-f:在数据包中设定"不要分段"标志,数据包就不会被路由上的路由器分段。

-i:将"生存时间"字段设置为 TTL 指定的值。

-v:tos 将"服务类型"字段设置为 tos 指定的值。

-r:在"记录路由"字段中记录传出和返回数据包的路由。通常情况下,发送的数据包是通过一系列路由才到达目的地址的,通过此参数可以设定所经过路由器的个数。限定能跟踪到 9 个路由。

-s:指定 count 指定的跃点数的时间戳。与参数-r 差不多,但此参数不记录数据包返回所经过的路由,最多只记录 4 个。

-j:用计算机列表中的计算机来路由数据包。连续计算机可以被中间网关分隔(路由稀疏源)。

-k:用计算机列表中的计算机来路由数据包。连续计算机不能被中间网关分隔路由,如图 5.5 所示,通过 ping 百度网站的检测联通性。

5.5.2 ARP 命令

ARP 即地址解析协议,用于实现第三层到第二层地址的转换。

功能:显示和修改 IP 地址与 MAC 地址之间的映射。

ARP 使用方法如下。

Arp -a:显示所有的 ARP 表项,如图 5.6 所示。

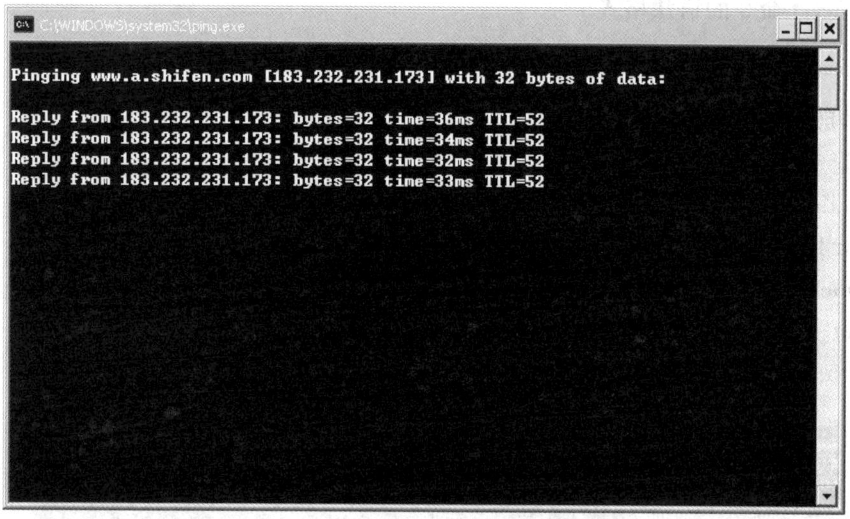

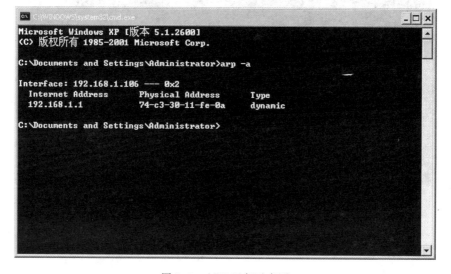

图 5.5　ping 百度网站联通示意图

图 5.6　ARP 运行示意图

5.5.3　tracert 命令

tracert 命令将包含不同生存时间(TTL 值)的 Internet 控制消息协议(ICMP 回应)数据包发送到目标主机,以决定到达目标主机所经过的路由,路由上的每台路由器都要在转发该 CMP 回应报文之前将其 TTL 值减小 1,通过 TTL 可以获得有效的路由跳数,当报文的 TTL 值减少到 0 时,路由器向源系统发回 ICMP 超时信息,tracert 先发送 TTL 为 1 的回应数据包,并在随后的每次发送过程中将 TTL 递增 1,直到目标主机响应或 TTL 达到最大值,从而确定路由,tracert 对路由上的每台路由器要测试三次,在其输出结果中包括每次测试的时间、路由器的域名(如果有)及其 IP 地址。

1. tracert 命令的语法格式

tracert[－d][－hmaximum_hops][－jhost－list][－wtimeout]target_name

2. 参数说明

-d：指定不将地址解析为计算机名。

-hmaximum-hops：指定搜索目标的最大跃点数。

-jhost-list：指定沿计算机列表(host-list)的稀疏源路由。

-wtimeout：每次应答等待 timeout 指定的微秒数。

target_name：目标主机名。

如图 5.7 所示为从本机到百度服务器所经过的路由器的 IP 地址。

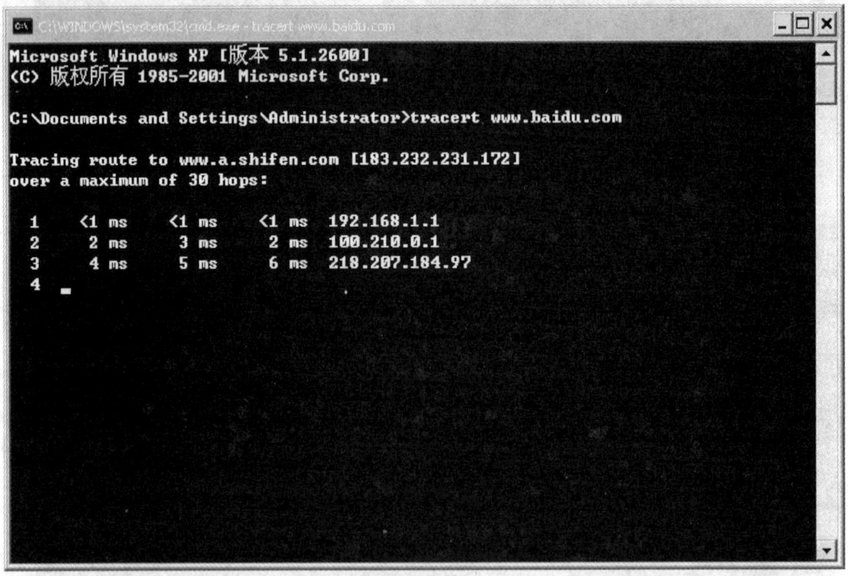

图 5.7　本机到百度所经过的路由器 IP 地址

5.5.4　ipconfig 命令

ipconfig 是 Windows 系统上 TCP/IP 配置和测试命令，一般用于查询主机的 IP 地址及相关 TCP/IP 的信息，尤其是当用户机器设置的是动态 IP 地址配置协议 DHCP 时。

1. ipconfig 命令的语法格式

ipconfig[/all][/renew[adapter][/release[adapter][/flushdns][/displaydns][/registerdns]
[/showclassidpadapter][/setclassidpadapter[classID]

2. 参数说明

/all：显示本机 TCP/IP 配置的详细信息。

/release：DHCP 客户端手工释放 IP 地址。

/renew：DHCP 客户端手工向服务器刷新请求。

/flushdns：清除本地 DNS 缓存内容。

/displaydns：显示本地 DNS 内容。

/registerdns：DNS 客户端手工向服务器进行注册。

/showclassid：显示网络适配器的 DHCP 类别信息。

/setclassid：设置网络适配器的 DHCP 类别。

/renew"LocalAreaConnection"：更新"本地连接"适配器的由 DHCP 分配 IP 地址的配置。

/showclassidLocal：显示名称以 Local 开头的所有适配器的 DHCP 类别 ID。

/setclassid"LocalAreaConnection"TEST：将"本地连接"适配器的 DHCP 类别 ID 设置为 TEST。

如图 5.8 所示，显示本机 IP 地址及 TCP/IP 信息。

图 5.8　本机 IP 地址及 TCP/IP 信息

5.6　实 验 任 务

Windows 是从简单的 DOS 字符界面发展过来的。虽然我们平时在使用 Windows 操作系统的时候，主要是对图形界面进行操作，但是 DOS 命令仍然非常有用，下面就来看看这些常用命令(ping、tracer、ipconfig、ARP)到底有哪些作用，同时学习使用这些命令的技巧。

5.6.1　任务 1　创建拨号网络

虽然现在宽带接入 Internet 已经很流行，但并不是所有用户都有条件安装宽带。普通电话 Modem 拨号入网的原理,如图 5.9 所示。

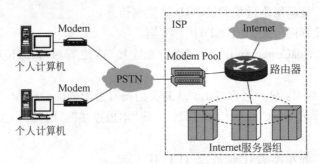

图 5.9　普通电话 Modem 拨号入网原理

创建拨号连接操作步骤如下。

(1) 打开"网络和拨号连接"窗口,如图 5.10 所示。

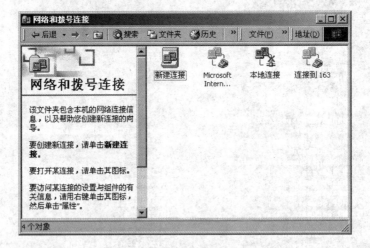

图 5.10　"网络和拨号连接"窗口

(2) 单击"新建连接",弹出"网络连接向导"对话框,如图 5.11 所示。

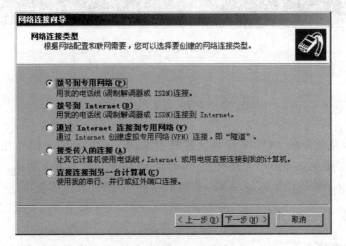

图 5.11　选择网络连接类型

(3) 按照向导进行操作,单击"下一步"按钮至完成拨号设置,具体如图 5.12～图 5.14 所示。

图 5.12　选择 ISP 连接并输入拨号电话号码

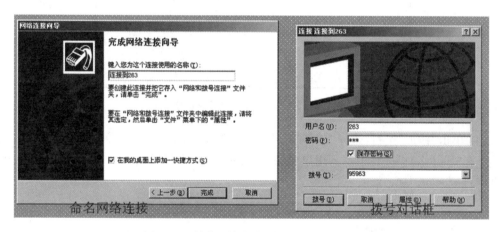

图 5.13　创建连接名称,输入用户名和密码

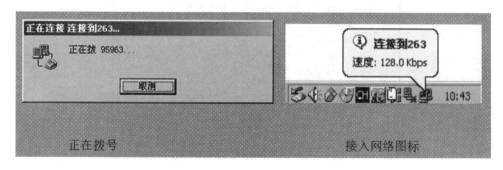

图 5.14　连接状态

5.6.2　任务 2　Outlook Express 设置与使用

Outlook Express 是目前常用的电子邮件客户端软件,如果用户的计算机安装了 Windows 98/2000/XP 操作系统,Outlook Express 应用程序就包括在系统里。对于其他客户端接收邮件程序,配置和使用方法是类似的,读者可以举一反三,自行练习。

操作步骤如下。

1. 设置账号

用户从 ISP 处得到邮箱地址，就要设置电子邮件的发送和接收服务，这是通过在 Outlook Express 里添加账号完成的。具体步骤举例如下。

（1）在桌面或任务栏双击 Outlook Express 图标，启动 Outlook Express 程序。

（2）单击"工具"菜单，选中"账号"子项，打开"Internet 账户"对话框，如图 5.15 所示。

图 5.15　"Internet 账户"对话框

（3）单击"添加"按钮，选择"邮件"选项卡，出现"Internet 连接向导"对话框，如图 5.16 所示。在"显示名称"一栏中输入用户名（由英文字母、数字等组成），在发送邮件时，这个名字将作为"发件人"项。

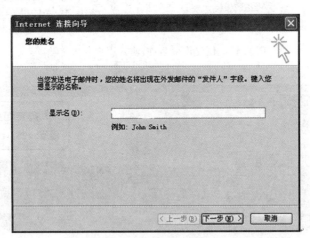

图 5.16　输入显示名

（4）单击"下一步"按钮，在新的"Internet 连接向导"对话框中，输入电子邮件地址，如图 5.17 所示。

（5）单击"下一步"按钮。分别输入 SMTP 和 POP3 服务器地址，如图 5.18 所示。一般 ISP 会向公众公布这两个地址。例如对于 163，它的 SMTP 服务器地址是 smtp.163.com，它的 POP3 服务器地址是 pop.163.com。输入你电子邮件对应的 SMTP 和 POP3 地址。

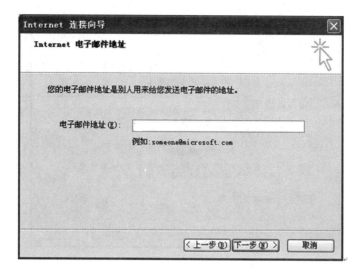

图 5.17　输入电子邮件地址

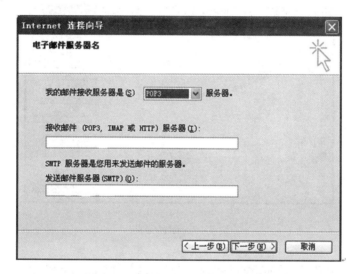

图 5.18　配置 SMTP 和 POP3 服务器

（6）单击"下一步"按钮，需要输入账号和密码，账号即是用户名，密码可以不填，如图 5.19 所示。此处密码可以不填，当每次 Outlook 连接 POP3 服务器时会提示输入密码；同时如果使用的计算机不是个人专用，建议不要让 Outlook 记住密码，否则其他人也将可以访问你的邮箱！

（7）单击"下一步"按钮，设置完成。出现"Internet 账户"对话框，电子邮箱名字显示在对话框中，并自动设为"邮件（默认）"类型，如图 5.20 所示。

2．发送和接收邮件

上述设置完成后，先试着给自己发一封信，按以下步骤。

（1）填写地址：单击 Outlook Express 窗口中的"新邮件"图标，依次输入收件人、抄送、主题等项，在内容栏中输入"This is a test email!"，如图 5.21 所示。

Internet 应用及其设置

128

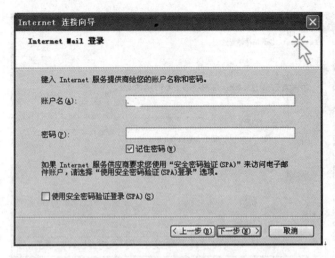

图 5.19　配置邮箱账户和密码

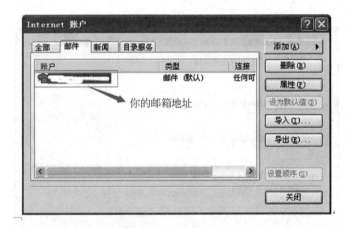

图 5.20　配置完成

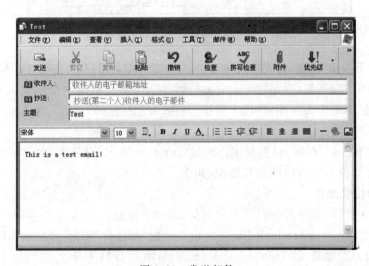

图 5.21　发送邮件

（2）发送：内容和附件准备就绪，单击"发送"按钮。此处的"发送"实际相当于对以上操作的确认，邮件存在"发件箱"里，Outlook 会将邮件发送出去。

（3）回复和转发：打开收件箱阅读完邮件之后，可以直接回复发信人。单击 Outlook 主窗口工具栏中的"回复作者"按钮，即可撰写回复内容并发送出去。如果要将信件转给第三方，单击工具栏中的"转发邮件"按钮，显示转发邮件窗口，此时邮件的标题和内容已经存在，只需填写第三方收件人的地址即可。

5.6.3　任务3　网上求职

操作步骤如下。

（1）选择求职网站，如 51job，如图 5.22 所示。

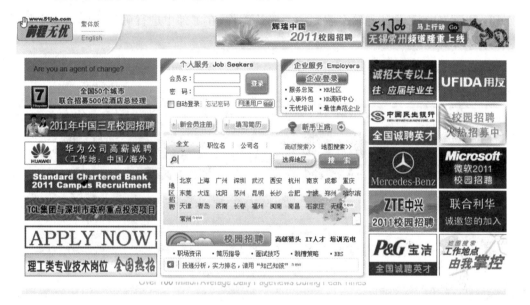

图 5.22　求职网站界面

（2）注册，并完善个人简历，如图 5.23 和图 5.24 所示。

图 5.23　注册页面

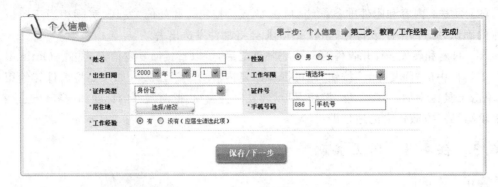

图 5.24　简历填写

（3）注册完成后，你的邮箱会收到一封确认邮件，在邮件中进行确认即可完成注册，如图 5.25 所示。

图 5.25　登录后的个人主页面

（4）浏览招聘信息。在主页面的"搜索"框中输入职位进行搜索，也可单击"高级搜索"链接或个人主页面中的"职位搜索"按钮，进入职位搜索页面，如图 5.26 所示。也可单击相关类别链接进行职位的浏览。在搜索结果页面中单击某个具体职位，就可以浏览该职位的详细信息，如图 5.27 所示。

（5）投递简历。在选择了公司、职位后，可以在职位详细信息页面中获取招聘单位的E-mail 地址信息，通过 E-mail 给对方发邮件简历，也可单击"立即申请"按钮，申请该职位。

图 5.26　职位搜索页面

图 5.27　职位详细信息页面

Internet 应用及其设置

5.6.4 任务4 专线入网

操作步骤如下。

（1）检查局域网中所有计算机的网线已连接好，如图 5.28 所示。

图 5.28 确认网络连接

（2）在"本地连接 属性"对话框中，双击"Internet 协议（TCP/IP）"，打开"Internet 协议（TCP/IP）属性"对话框，如图 5.29 所示。

（3）如果用户的计算机分配了确定的 IP 地址，选中"使用下面的 IP 地址"。在"IP 地址"框中输入 IP 地址；在"子网掩码"框中输入子掩码；在"默认网关"框中输入网关的 IP 地址；输入 DNS 服务器的 IP 地址，如图 5.30 所示。

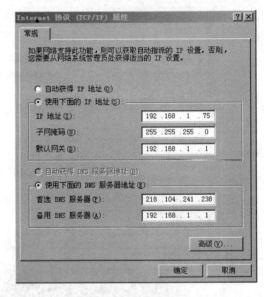

图 5.29 "Internet 协议（TCP/IP）属性"对话框   图 5.30 配置 IP 地址

（4）单击"确定"按钮，IP 地址配置完成。

注：如果局域网络上有专门的网络服务器，而且该服务器负责 IP 地址的分配，则选中"自动获得 IP 地址"即可。

习   题

一、填空题

1. Internet 起源于_____。

2. Inernet 称为"因特网"，也称为_____，是全球性的、由成千上万个网络互联起来的规模空前的_____，同时也是世界范围的信息资源宝库。

3. Internet 是一个信息资源的宝库，用户可以在 Internet 上找到自己所需要的信息资源，人们既可以共享 Internet 中的_____服务所提供的信息资源，又可以共享 Internet 中大量的_____和计算机程序等资源。

4. 电子邮件简称 E-mail（Electronic Mail），是指 Internet 上各个用户之间，通过_____的形式进行通信的一种现代邮政通信方式，是一种_____通信手段。

5. 万维网通过_____使各种资源信息相互连接。

6. ISP 是向社会提供公共 Internet _____的公司和_____，其作用是帮助用户接入 Internet，并向用户提供各种类型的_____，让大众能在家里或工作场所连上互联网，达到共享、访问资源的目的。

7. 在 E-mail 应用中，随着 Internet 的不断发展，网上传输的信息也越来越丰富，这就需要新的办法，就是对这些文件内容进行编码，编码的含义是_____。

8. E-mail 的信息格式很简单，包括头部和主体两个部分。其中头部包括有关_____、_____、_____、_____、_____的列表以及其他信息。

9. 用户在 Internet 上发送 E-mail 是通过_____来实现的，而 E-mail 的用户从邮件服务器中收取 E-mail 是通过_____来完成的。

10. 常见的邮件服务器有_____、_____、_____等。

二、单项选择题

1. 顶级域名由_____个及以上的字母构成。

    A. 1   B. 2   C. 3   D. 4

2. Web 是一种主从式架构的系统，双方在 Internet 上通过通信协议_____来取得和传输网页。

    A. HTML   B. SMTP   C. DHCP   D. HTTP

3. 在浏览器中更新当前页面应按哪个快捷按钮？_____

    A. 回退   B. 前进   C. 刷新   D. 主页

4. 在浏览器下保存网页时，为了浏览方便，可以保存为单个网页，此时应选择的保存类型为_____。

    A. .html   B. .htm   C. .shtml   D. .mht

5. 常用的网络命令有_____。

    A. ghost   B. ipconfig   C. msc   D. format

三、简答题

1. 什么是 Internet？

2. 接入 Internet 的常用方法有哪些，各有何特点？

3. 在 Internet 上流行的 3 种电子邮件协议是什么？它们的功能是怎样的？

第6章 局域网技术

本章学习目标

- 理解几种局域网的工作原理,了解局域网的基本参考模型
- 熟悉以太网的基本工作原理以及目前常用的以太网类型
- 了解虚拟局域网和无线局域网的标准,掌握局域网接入的方法

局域网是指范围在几百米到几十千米内计算机互连所构成的计算机网络。局域网技术被广泛应用于连接校园、工厂等内部的个人计算机或工作站,因其网速快、网络接入方式多样、网络配置灵活等特点成为目前人们使用最为广泛的一种网络类型。本章将重点介绍几种局域网类型和它们的工作原理。

6.1 局域网概述

局域网可以实现文件管理、应用软件共享、打印机共享、扫描仪共享、工作组内的日程安排、电子邮件和传真通信服务等功能。局域网是封闭型的,可以由办公室内的两台计算机组成,也可以由一个公司内的上千台计算机组成。

局域网区别于其他网络的特点主要如下。

(1) 局域网覆盖地理范围小。

(2) 局域网属于数据通信网络中的一种,局域网只能提供物理层、数据链路层和网络层的通信功能。

(3) 可以连入局域网的数据通信设备非常多。

(4) 局域网的数据传输率高,能够达到 10Mb/s～10 000Mb/s,而且其误码率较低。

(5) 局域网十分容易安装、维护及管理,并且可靠性高。

决定局域网性能的技术有很多,主要的技术有三个:网络传输介质、网络拓扑结构和共享资源的介质访问控制方式。局域网的传输介质一般有双绞线、同轴电缆和光缆。

6.2 局域网协议

局域网协议是局域网中最重要的一部分。随着局域网和互联网并存的发展,这方面的协议也随着互联网协议的深化而有所影响。计算机网络应用已遍及几乎人类活动的一切领域,这一切网络应用实现的核心就是网络协议。网络协议是一种支撑软件,是整个计算机网络应用实现的基础,它的设计要遵循一定的方法,一般可以分为三大部分来考虑,即协议结

构设计、协议机制设计和协议元素设计。

局域网协议定义了在多种局域网介质上的通信。目前，常用的局域网协议主要有 NetBEUI、IPX/SPX 及其兼容协议和 TCP/IP 三类。

1. NetBEUI 用户扩展接口

NetBEUI 是较早开发的一种使用简单、效率高、速度快、占用系统资源非常少的通信协议，主要适用于早期的微软操作系统，但微软在 Windows 9X 和 Windows NT 中仍把它视为固有。

由于 NetBEUI 是专门为几台到几十台机器所组成的单段网络而设计的，它不具有路由功能，所以，一般用在仅有十几台机器的小型办公室、网吧中完成局域网中各计算机的互访，假如将 NetBEUI 设为默认协议，通过局域网传输数据时会很省时省力。

2. IPX/SPX 协议

IPX 是互联网络分组交换协议。IPX 具有低开销、高性能的特点，提供分组寻址和路由选择功能。它支持所有的局域网拓扑结构，提供互联网内信息传输的透明性和一致性。但它不能保证信息的可靠到达。SPX 是顺序分组交换协议，它是面向连接通信方式工作的，向上提供简单却功能很强的服务。

3. TCP/IP

TCP/IP 即传输控制协议/网间网协议。TCP/IP 是开放系统互连协议中最早的局域网协议之一，其主要用途和优点是它是标准化的、可路由选择的协议，并且是目前应用最广泛的协议。TCP/IP 是一个协议族，包含大小上百个协议和标准的网络应用两部分，TCP 和 IP 是协议族中的两个核心协议。IP 在网络层提供了非常可靠的无连接的分组投递系统；TCP 在运输层提供了面向连接的可靠的字节流投递服务。

6.3　高速以太网

以太网是当今现有局域网采用的最通用的通信协议标准，它不是一种具体的网络，而是一种技术规范。1983 年，802 委员会制定了第一个 IEEE 的以太网标准，即 802.3 局域网络标准（CSNA/CD）。传统以太网（Ethernet）是一种传输速率为 10Mb/s 的常用局域网（LAN）标准。在以太网中，所有计算机被连接在一条同轴电缆上，采用带有冲突检测的载波监听多路访问（CSMA/CD）方法，采用竞争机制和总线拓扑结构。

以太网由共享传输媒体，如双绞线电缆或同轴电缆和多端口集线器、网桥或交换机构成。在星状或总线型配置结构中，集线器、交换机、网桥通过电缆使得计算机、打印机和工作站彼此之间相互连接。由于以太网具有低成本、高可靠性、高数据传输速度和开放性好等优点，近年来发展比较迅速。20 世纪 90 年代中期出现了 CSMA/CD 协议的千兆以太网。这里的千兆以太网我们称之为现代高速以太网。

千兆以太网技术作为最新的现代高速以太网技术，给用户带来了提高核心网络的有效解决方案，这种解决方案的最大优点是继承了传统以太网技术价格便宜的优点。千兆以太网技术作为最新的现代高速以太网技术，给用户带来了提高核心网络的有效解决方案，这种解决方案的最大优点是继承了传统以太网技术价格便宜的优点。千兆技术仍然是以太网技术，它采用了与 10M 以太网相同的帧格式、帧结构、网络协议、全/半双工工作方式、流控模式以及布线系统。由于该技术不改变传统以太网的桌面应用、操作系统,因此可与 10M 或 100M 的以太网很好地配合工作。升级到千兆以太网不必改变网络应用程序、网管部件和网络操作系统,能够最大程度地保护投资。为了能够侦测到 64B 最短帧的碰撞,Gigabit Ethernet 所支持的距离更短。Gigabit Ethernet 支持的网络类型,如表 6.1 所示。

表 6.1　千兆以太网标准

标　　准	传 输 介 质	传 输 距 离
1000BASC-CX	屏蔽双绞线	25m
1000BASC-LX	$62.5\mu m$ 和 $50\mu m$ 多模光纤或 $10\mu m$ 的单模光纤	550m 或 5km
1000BASC-SX	$62.5\mu m$ 或 $50\mu m$ 多模光纤	275m 或 550m
1000BASC-T	4 对 UTP5 类线	100m

千兆以太网技术有两个标准:IEEE 802.3z 和 IEEE 802.3ab。IEEE 802.3z 制定了光纤和短程铜线连接方案的标准。IEEE 802.3ab 制定了 5 类双绞线上较长距离连接方案的标准。

1. IEEE 802.3z

IEEE 802.3z 工作组负责制定光纤(单模或多模)和同轴电缆的全双工链路标准。

IEEE 802.3z 定义了基于光纤和短距离铜缆的 1000BASE-X,采用 8B/10B 编码技术,信道传输速度为 1.25Gb/s,去耦后实现 1000Mb/s 传输速度。IEEE 802.3z 具有下列千兆以太网标准。

1000BASE-SX 只支持多模光纤,可以采用直径为 $62.5\mu m$ 或 $50\mu m$ 的多模光纤,工作波长为 770~860nm,传输距离为 220~550m。

1000BASE-LX 多模光纤:可以采用直径为 $62.5\mu m$ 或 $50\mu m$ 的多模光纤,工作波长范围为 1270~1355nm,传输距离为 550m。

单模光纤:可以支持直径为 $9\mu m$ 或 $10\mu m$ 的单模光纤,工作波长范围为 1270~1355nm,传输距离为 5km 左右。

1000BASE-CX 采用 150Ω 屏蔽双绞线(STP),传输距离为 25m。

2. IEEE 802.3ab

IEEE 802.3ab 工作组负责制定基于 UTP 的半双工链路的千兆以太网标准,产生 IEEE 802.3ab 标准及协议。IEEE 802.3ab 定义基于 5 类 UTP 的 1000BASE-T 标准,其目的是在 5 类 UTP 上以 1000Mb/s 速率传输 100m。IEEE 802.3ab 标准的意义主要有以下两点。

(1) 保护用户在 5 类 UTP 布线系统上的投资。

(2) 1000BASE-T 是 100BASE-T 的自然扩展,与 10BASE-T、100BASE-T 完全兼容。不过,在 5 类 UTP 上达到 1000Mb/s 的传输速率需要解决 5 类 UTP 的串扰和衰减问题,因此,IEEE 802.3ab 工作组的开发任务要比 IEEE 802.3z 复杂些。

6.4　交换式以太网

交换式以太网是指以数据链路层的帧为数据交换单位,以以太网交换机为基础构成的网络。交换式以太网技术是在多端口网桥的基础上发展起来的,实现 OSI 模型的下两层协议,与网桥有着千丝万缕的关系,甚至被业界人士称为"许多联系在一起的网桥",是一种改进了的局域网桥。与传统的网桥相比,它能提供更多的端口(4～88)、更好的性能、更强的管理功能以及更便宜的价格。

以太网交换机(以下简称交换机)是工作在 OSI 参考模型数据链路层的设备,外表和集线器相似。它通过判断数据帧的目的 MAC 地址,从而将帧从合适的端口发送出去。交换机的冲突域仅局限于交换机的一个端口上。比如,一个站点向网络发送数据,集线器将会向所有端口转发,而交换机将通过对帧的识别,只将帧单点转发到目的地址对应的端口,而不是向所有端口转发,从而有效地提高了网络的可利用带宽。以太网交换机实现数据帧的单点转发是通过 MAC 地址的学习和维护更新机制来实现的。以太网交换机的主要功能包括 MAC 地址学习、帧的转发及过滤和避免回路。

以太网交换机可以有多个端口,每个端口可以单独与一个结点连接,也可以与一个共享介质式的以太网集线器(Hub)连接。如果一个端口只连接一个结点,那么这个结点就可以独占整个带宽,这类端口通常被称作"专用端口";如果一个端口连接一个与端口带宽相同的以太网,那么这个端口将被以太网中的所有结点所共享,这类端口被称为"共享端口"。例如,一个带宽为 100Mb/s 的交换机有 10 个端口,每个端口的带宽为 100Mb/s。而 Hub 的所有端口共享带宽,同样一个带宽 100Mb/s 的 Hub,如果有 10 个端口,则每个端口的平均带宽为 10Mb/s,如图 6.1 所示。

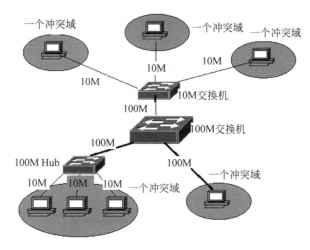

图 6.1　交换机端口独享带宽

所以交换式以太网允许多对结点同时通信,每个结点可以独占传输通道和带宽。它从根本上解决了共享以太网所带来的问题。

6.5　虚拟局域网

虚拟局域网(Virtual Local Area Network,VLAN)是指在物理网络基础架构上,利用交换机和路由器的功能,配置网络的逻辑拓扑结构,从而允许网络管理员可以任意将一个局域网内的任何数量网段聚合成一个用户组,就像它们是一个单独的局域网。虚拟网络技术打破了地理环境的制约,在不改动网络物理连接的情况下,可以将工作站组成逻辑工作组或虚拟子网,有利于提高信息系统的运作性能,均衡网络数据流量,合理利用硬件及信息资源。VLAN 因其具有以下优点,而被人们广泛应用。

1. 防范广播风暴

将网络划分为多个 VLAN 可减少参与广播风暴的设备数量,从而防止广播风暴波及整个网络。VLAN 可以提供建立防火墙的机制,防止交换网络的过量广播。使用 VLAN,可以将某个交换端口或用户赋予某一个特定的 VLAN 组,该 VLAN 组可以在一个交换网中或跨接多个交换机,在一个 VLAN 中的广播不会送到 VLAN 之外。同样,相邻的端口不会收到其他 VLAN 产生的广播。这样可以减少广播流量,释放带宽给用户应用,减少广播的产生。

2. 提高安全性

含有敏感数据的用户组可与网络的其余部分隔离,从而降低泄露机密信息的可能性。不同 VLAN 内的报文在传输时是相互隔离的,即一个 VLAN 内的用户不能和其他 VLAN 内的用户直接通信,如果不同 VLAN 要进行通信,则需要通过路由器或三层交换机等三层设备。

3. 降低成本

成本高昂的网络升级需求减少,现有带宽和上行链路的利用率更高,因此可节约成本。

4. 提高性能

将第二层平面网络划分为多个逻辑工作组(广播域)可以减少网络上不必要的流量并提高性能。

5. 提高 IT 员工效率

VLAN 为网络管理带来了方便,因为有相似网络需求的用户将共享同一个 VLAN。

6. 简化项目管理或应用管理

VLAN 将用户和网络设备聚合到一起,以支持商业需求或地域上的需求。通过职能划分,项目管理或特殊应用的处理都变得十分方便,如可以轻松管理教师的电子教学开发平台。此外,也很容易确定升级网络服务的影响范围。

7. 增加了网络连接的灵活性

借助 VLAN 技术,能将不同地点、不同网络、不同用户组合在一起,形成一个虚拟的网络环境,就像使用本地 LAN 一样方便、灵活、有效。VLAN 可以降低移动或变更工作站地理位置的管理费用,特别是一些业务情况有经常性变动的公司在使用了 VLAN 后,这部分管理费用大大降低。

6.6 无线局域网

无线局域网(Wireless LAN,WLAN)是利用无线技术传送和接收数据、实现传统局域网功能的计算机网络系统。

与有线网络相比,无线局域网最主要的优势在于不需要布线,可以不受布线条件的限制,因此非常适合移动办公用户的需要,具有广阔市场前景。

无线局域网的分类如下。

1. 独立无线局域网

所谓独立无线局域网,是指 WLAN 内的计算机之间构成独立的网络,无法实现与其他无线网络和以太网的连接。如图 6.2 所示,这种方式下可以使用无线接入点 AP(或路由器),也可以不用 AP。不使用 AP 时,各个用户之间通过无线直接互连,不适合用于远范围;使用 AP 时每个节点通过 AP 中转通信。

2. 非独立 WLAN

非独立 WLAN 是指网络中既有无线模式也有有线模式存在。基本的架构方式是通过无线路由器(或 AP)将现有的有线 LAN 扩展到有线和无线混合的结构。无线路由器此时充当了有线网络和 WLAN 之间的桥梁,并充当 WLAN 的"中央控制器",如图 6.3 所示。

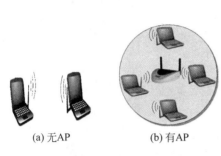

(a) 无AP   (b) 有AP

图 6.2 独立无线局域网

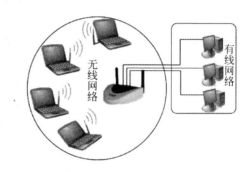

图 6.3 非独立 WLAN

在非独立 WLAN 中,无线路由器与周边的无线客户端形成了一个星状网络结构,如果再使用本身自有的 LAN 端口与有线网络相连,则可以使整个 WLAN 的终端都能访问有线网络的资源,并可通过无线路由器访问 Internet。

6.7 实 验 任 务

6.7.1 任务 1 局域网设置

在 Windows 7 环境下,实现同个局域网内共享打印机。

操作步骤如下。

第一步:取消禁用 Guest 用户

(1) 单击"开始"按钮,在"计算机"上右击,选择"管理"命令,如图 6.4 所示。

(2) 在弹出的"计算机管理"窗口中找到 Guest 用户,如图 6.5 所示。

(3) 双击 Guest,打开"Guest 属性"对话框,确保"账户已禁用"选项没有被勾选(如图 6.6 所示)。

第二步:共享目标打印机

(1) 单击"开始"按钮,选择"设备和打印机",如图 6.7 所示。

(2) 在弹出的窗口中找到想共享的打印机(前提是打印机已正确连接,驱动已正确安装),在该打印机上单击右键,选择"打印机属性",如图 6.8 所示。

(3) 切换到"共享"选项卡,勾选"共享这台打印机"复选框,并且设置一个共享名(请记住该共享名,后面的设置中可能会用到),如图 6.9 所示。

图 6.4　右击菜单

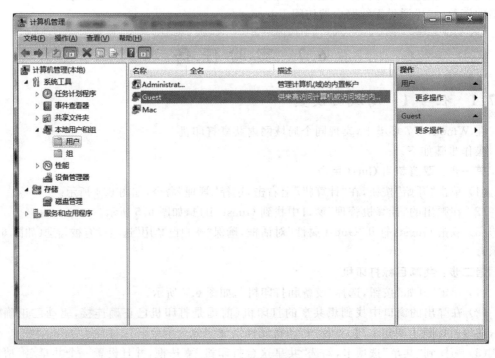

图 6.5　计算机管理

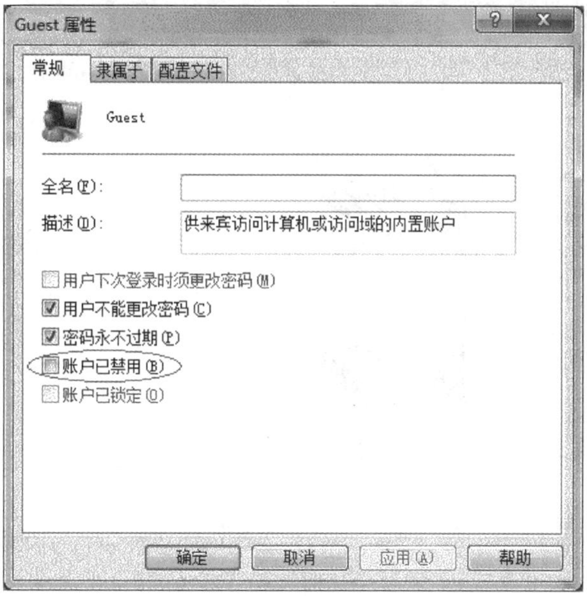

图 6.6　Guest 用户设置

图 6.7　选择"设备和打印机"

局域网技术

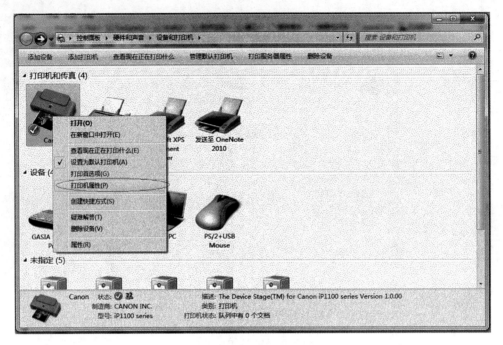

图 6.8　选择"打印机属性"

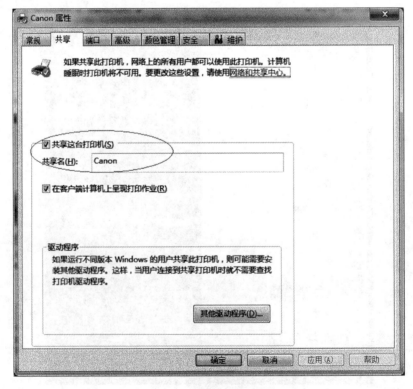

图 6.9　打印机属性设置

第三步：进行高级共享设置

（1）在系统托盘的网络连接图标上右击，选择"打开网络和共享中心"，如图 6.10 所示。

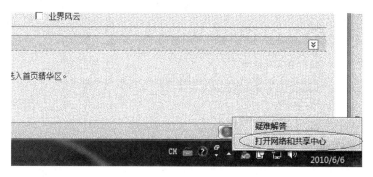

图 6.10　计算机网络和共享设置

（2）根据你所处的网络类型（笔者的是工作网络），接着在弹出窗口中单击"选择家庭组和共享选项"，如图 6.11 所示。

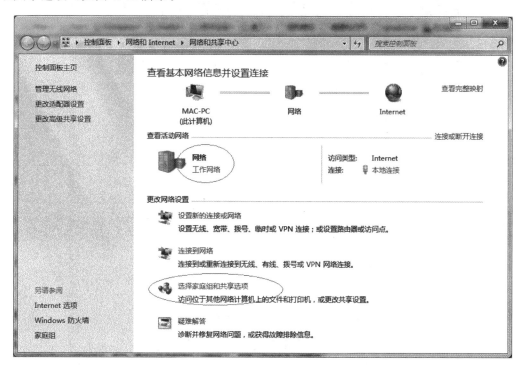

图 6.11　网络和共享设置 1

（3）接着单击"更改高级共享设置"，如图 6.12 所示。

（4）如果是家庭或工作网络，"更改高级共享设置"的具体设置可参考图 6.13，其中的关键选项已经用红圈标示，设置完成后不要忘记保存修改。

注意：如果是公共网络，具体设置和上面的情况类似，但相应地应该设置"公用"下面的选项，而不是"家庭或工作"下面的选项，如图 6.14 所示。

144

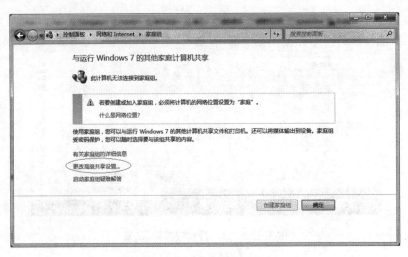

图 6.12　网络和共享设置 2

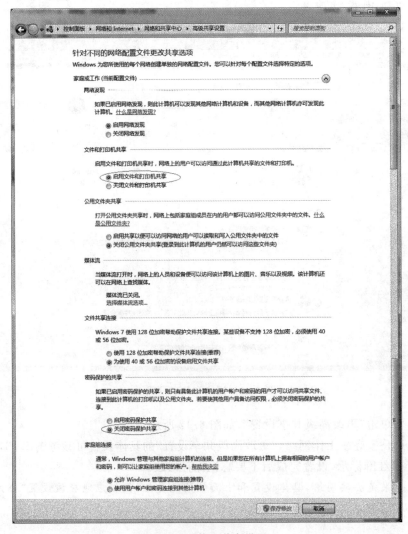

图 6.13　网络和共享设置 3

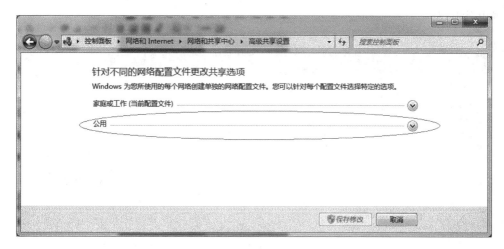

图 6.14　网络和共享设置 4

第四步：设置工作组

在添加目标打印机之前，首先要确定局域网内的计算机是否都处于一个工作组，具体过程如下。

(1) 单击"开始"按钮，在"计算机"上右击，选择"属性"命令，如图 6.15 所示。

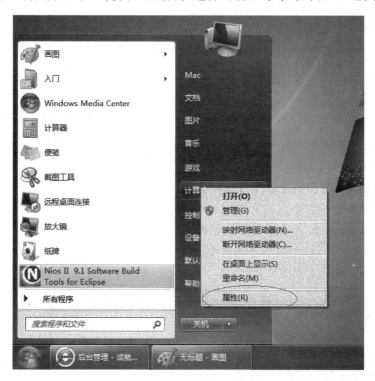

图 6.15　计算机工作组设置 1

(2) 在弹出的窗口中找到工作组，如果计算机的工作组设置不一致，请单击"更改设置"；如果一致可以直接退出，跳到第五步，如图 6.16 所示。注意：请记住计算机名，后面的设置中会用到。

图 6.16 计算机工作组设置 2

（3）如果处于不同的工作组，可以在此对话框中进行设置，如图 6.17 所示。

注意：此设置要在重启后才能生效，所以在设置完成后不要忘记重启一下计算机，使设置生效。

第五步：在其他计算机上添加目标打印机

注意：此步操作是在局域网内的其他需要共享打印机的计算机上进行的。此步操作在 Windows XP 和 Windows 7 系统中的过程是类似的，本文以 Windows 7 为例进行介绍。

首先，无论使用哪种方法，都应先进入"控制面板"，打开"设备和打印机"窗口，并单击"添加打印机"，如图 6.18 所示。

接下来，选择"添加网络、无线或 Bluetooth 打印机"，单击"下一步"，如图 6.19 所示。

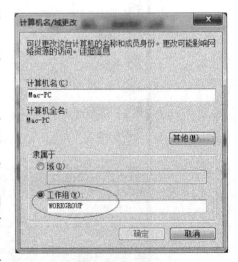

图 6.17 计算机工作组设置 3

单击"下一步"按钮之后，系统会自动搜索可用的打印机。

如果前面的几步设置都正确的话，那么只要耐心一点儿等待，一般系统都能找到，接下来只需跟着提示一步步操作就行了。

图 6.18　添加打印机设置 1

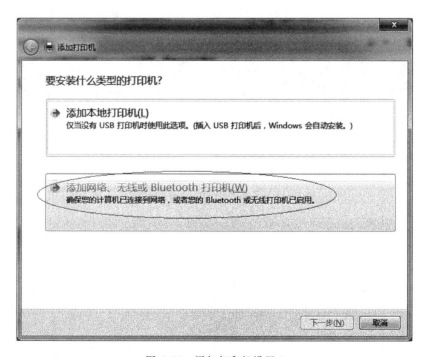

图 6.19　添加打印机设置 2

148

如果耐心地等待后系统还是找不到所需要的打印机也不要紧,也可以单击"我需要的打印机不在列表中",然后单击"下一步"按钮,如图 6.20 所示。

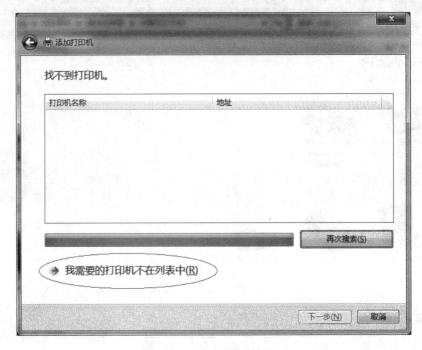

图 6.20　添加打印机设置 3

如果没有什么耐性的话,可以直接单击"停止"按钮,然后单击"我需要的打印机不在列表中",接着单击"下一步"按钮,如图 6.21 所示。

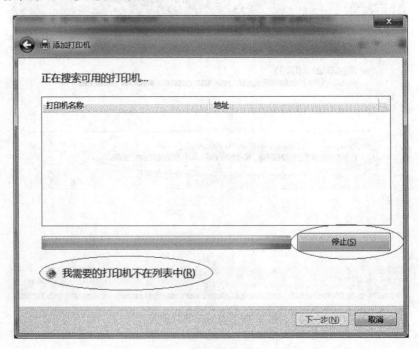

图 6.21　添加打印机设置 4

接下来选择"浏览打印机",单击"下一步"按钮,如图 6.22 所示。

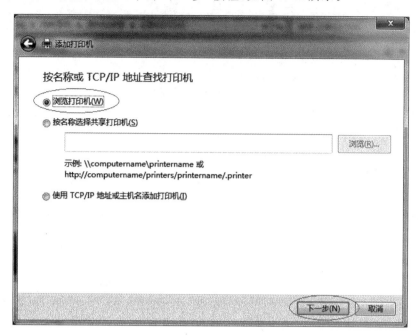

图 6.22　添加打印机设置 5

找到连接着打印机的计算机,单击"选择"按钮,如图 6.23 所示。

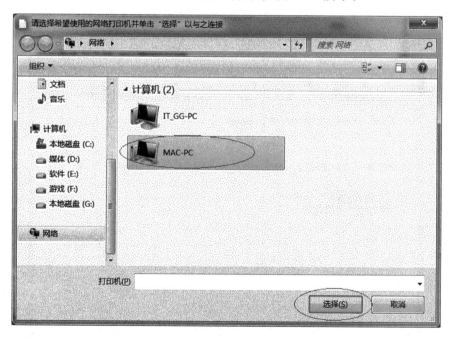

图 6.23　添加打印机设置 6

选择目标打印机(打印机名就是在第二步中设置的名称),单击"选择"按钮,如图 6.24
所示。

第
6
章

局域网技术

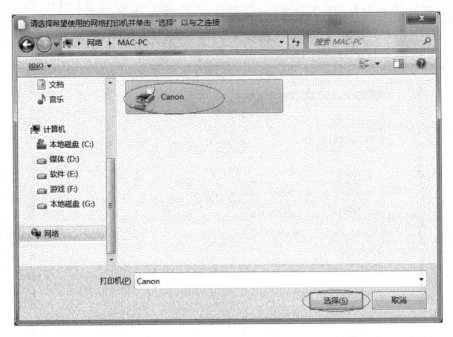

图 6.24 添加打印机设置 7

接下来的操作比较简单,系统会自动找到并把该打印机的驱动安装好。至此,打印机已成功添加。

至此,打印机已添加完毕,如有需要用户可单击"打印测试页"按钮,测试一下打印机是否能正常工作,也可以直接单击"完成"按钮退出此对话框,如图 6.25 所示。

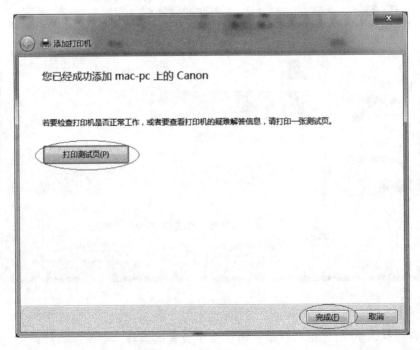

图 6.25 添加打印机设置 8

成功添加后,在"控制面板"的"设备和打印机"窗口中,可以看到新添加的打印机,如图 6.26 所示。

图 6.26　添加打印机设置 9

至此,整个过程均已完成,没介绍的其他方法(就是使用 TCP/IP 地址或主机名添加打印机)也比较简单,过程类似,这里不再赘述。

如果在第四步的设置中无法成功,那么很有可能是防护软件的问题,可对防护软件进行相应的设置或把防护软件关闭后再尝试添加。

6.7.2　任务 2　局域网通过 ADSL 接入 Internet

在 Windows 环境下,实现计算机接入 Internet。

操作步骤如下。

(1) 安装好 ADSL Modem,安装 PPPoE 虚拟拨号软件。

(2) 创建网络连接。

打开"网络连接"窗口,选择"新建连接",单击"下一步"按钮,如图 6.27 所示。

(3) 根据自身需求选取按照向导操作完成,如图 6.28～图 6.32 所示,至此完成所有配置。

(4) 单机 ADSL 接入物理连接,如图 6.33 所示。

(5) 多用户使用 ADSL 共享上网,如图 6.34 所示。

对于路由器设置,这里以 TP-LINK 家用路由器为例,设置如图 6.35～图 6.39 所示。

152

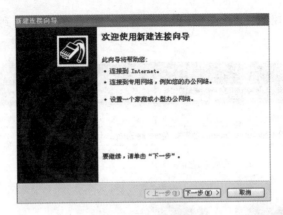

图 6.27 新建连接

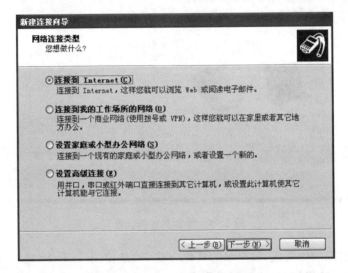

图 6.28 网络连接类型选取

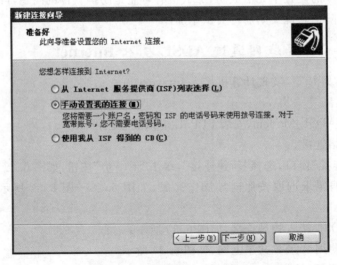

图 6.29 准备设置 Internet 连接

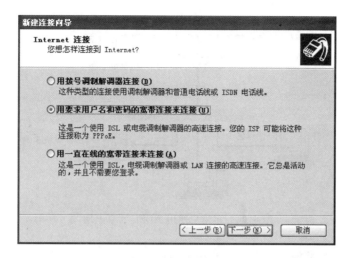

图 6.30   如何连接到 Internet

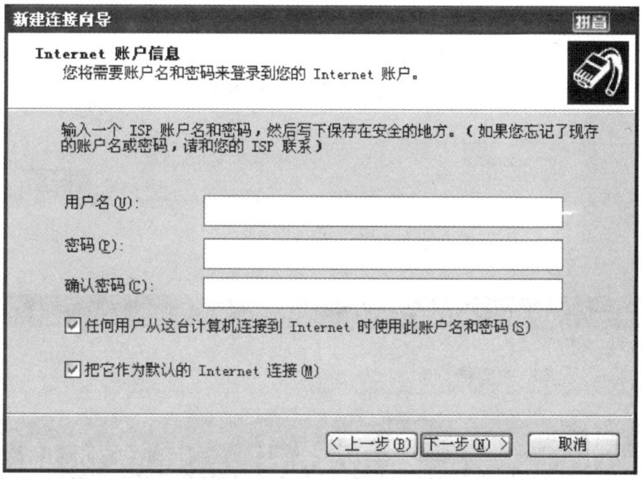

图 6.31   Internet 账户信息

图 6.32   ADSL 连接

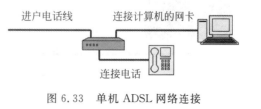

进户电话线   连接计算机的网卡

连接电话

图 6.33   单机 ADSL 网络连接

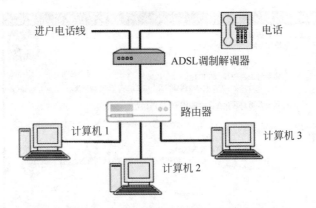

图 6.34　多用户使用 ADSL 共享上网

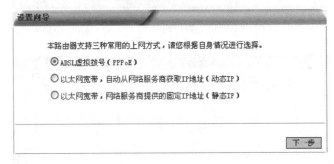

图 6.35　设置向导 1

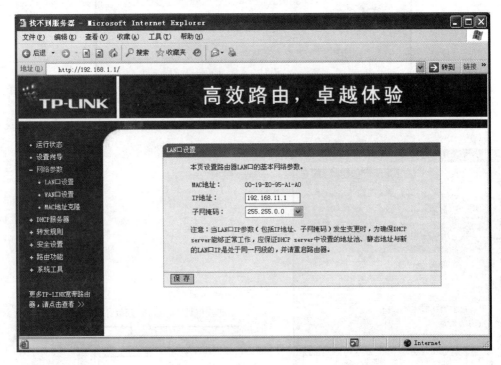

图 6.36　设置向导 2

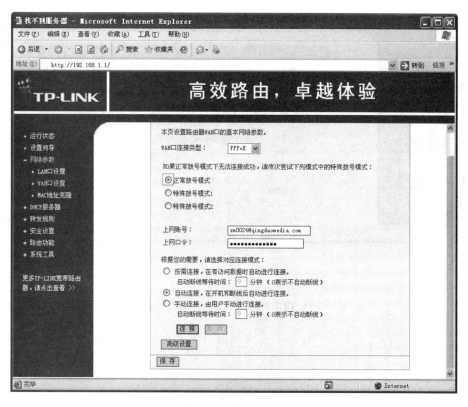

图 6.37　设置向导 3

图 6.38　设置向导 4

局域网技术

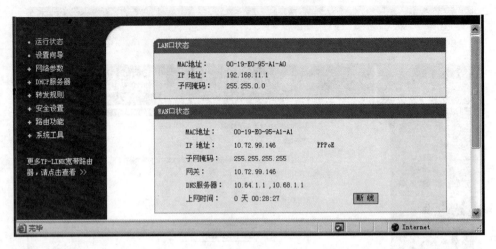

图 6.39　设置向导 5

6.7.3　任务 3　组建 AD-Hoc 模式无线局域网

计算机三台、TP-LINK TL-WN821N 无线网卡两块。每三名同学为一组。实验组网图如图 6.40 所示。

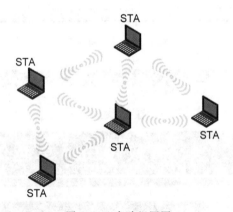

图 6.40　实验组网图

操作步骤如下。

1. 安装无线网卡及驱动程序

如果客户端没有内置的无线网卡,则首先需要安装无线网卡 TP-LINK TL-WN821N。安装好硬件后,操作系统自动识别到新加硬件,提示安装驱动程序。若未提示,可在"控制面板"的"系统"中的"设备管理器"中设置,如图 6.41 和图 6.42 所示。

在图 6.42 中可以看到新设备名称,但工作不正常,是因为没有安装网卡驱动。

这时需要安装此网卡驱动程序 TL-WN821N. rar 中的 setup. exe。安装过程如图 6.43～图 6.47 所示。

此时在设备管理系中可以看到如图 6.48 所示设备。

图 6.41　安装无线网卡驱动(1)

图 6.42　安装无线网卡驱动(2)

局域网技术

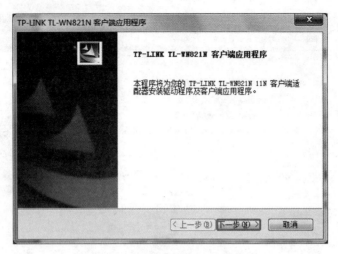

图 6.43　无线网卡驱动程序安装(1)

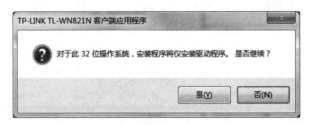

图 6.44　无线网卡驱动程序安装(2)

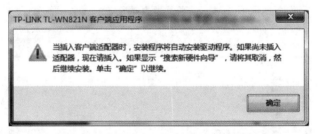

图 6.45　无线网卡驱动程序安装(3)

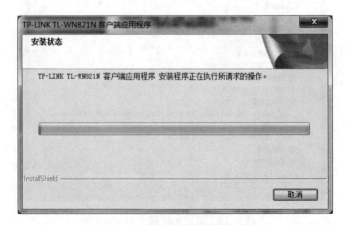

图 6.46　无线网卡驱动程序安装(4)

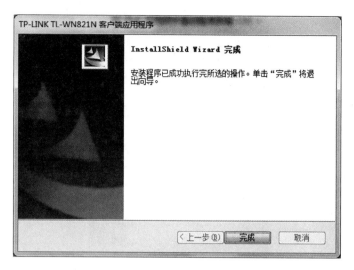

图 6.47　无线网卡驱动程序安装(5)

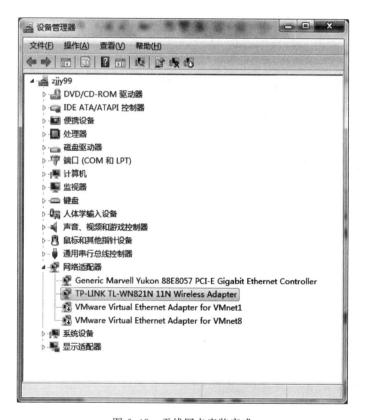

图 6.48　无线网卡安装完成

2. 查看"无线连接"图标

单击桌面右下角无线网络图标,出现如图 6.49 所示信息。

3. 在 Windows 7 中配置无线网络

(1) 在图 6.49 中单击"打开网络和共享中心",打开如图 6.50 所示窗口。

图 6.49　查看无线网络

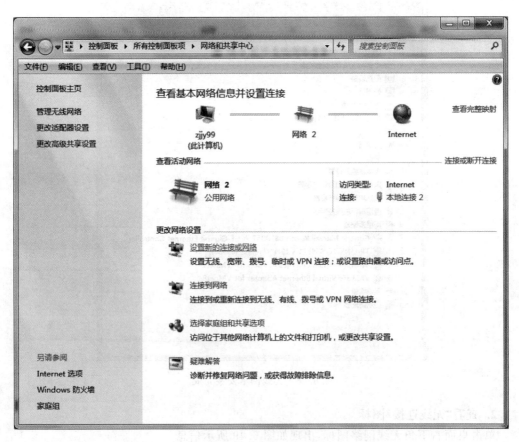

图 6.50　建立无线网络连接(1)

（2）单击"设置新的连接或网络"，出现如图 6.51 所示窗口。

图 6.51　建立无线网络连接(2)

（3）单击"设置无线临时(计算机到计算机)网络"，出现如图 6.52 所示窗口。

图 6.52　建立无线网络连接(3)

（4）单击"下一步"按钮，出现如图 6.53 所示窗口。

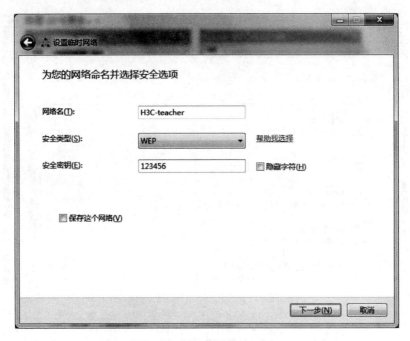

图 6.53　建立无线网络连接（4）

（5）输入 SSID 名称及密钥，选择安全类型为 WEP。注意，密钥需要按要求录入，如"123456"并不被允许作为密钥，如图 6.54 所示。

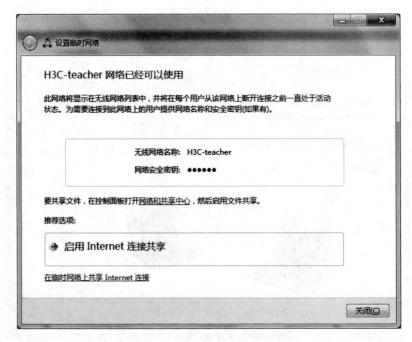

图 6.54　建立无线网络连接（5）

（6）Windows 7 无线网络建立成功。

单击桌面右下角网络连接图标，出现如图 6.55 所示窗口。可以看到刚才建立的 SSID 为 H3C-teacher 的无线网络出现在列表中。

图 6.55 连接 Ad-hoc 无线网络

4. 其他设备配置

同组另一台 PC 中以同样方法安装好无线网卡，保持所有无线网卡的 IP 地址在同一网段，单击桌面右下角"网络连接"图标，在出现的无线网络 SSID 列表中选择需要的连接。连接成功后，使用 ping 命令测试无线对等网络联通性。

6.7.4 任务 4 组建 Infrastructure 模式无线局域网

通过无线 AP 架设无线局域网使得主机之间能够进行资源共享。

RG-WG54U（802.11g 无线 LAN 外置 USB 网卡，两块），RG-WG54P（无线 LAN 接入器，一台），如图 6.56 所示。

RG-WG54P:AP-TEST
ESSID:ruijie
RG-WG54P管理地址：192.168.1.1/24

PC1无线IP地址：1.1.1.2/24   PC2无线IP地址：1.1.1.36/24
PC1以及网IP地址：192.168.1.23/24

图 6.56 拓扑图

安装 RG-WG54U 操作步骤如下。

(1) 把 RG-WG54U 适配器插入到计算机空闲的 USB 端口,系统会自动搜索到新硬件并且提示安装设备的驱动程序。

(2) 选择"从列表或指定位置安装"并插入驱动光盘,选择驱动所在的相应位置,然后再单击"下一步"按钮。

(3) 计算机将会找到设备的驱动程序,按照屏幕指示安装 54Mb/s 无线 USB 适配器,再单击"下一步"按钮。

(4) 单击"完成"按钮结束安装,屏幕的右下角出现无线网络已连接的图标,包括速率和信号强度,如图 6.57 所示。

(备注:实物连接图,由于 RG-WG54P 有一个供电的适配器是支持以太网供电的,故需要正确地按图示连接,如图 6.58 所示。)

配置 RG-WG54P 基本信息如下。

(1) 设置 PC1 的以太网接口地址为 192.168.1.23/24,如图 6.59 所示。因为 RG-WG54P 的管理地址默认为 192.168.1.1/24。

图 6.57　无线网络已连接

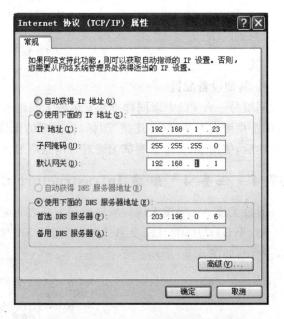

图 6.58　实物连接图　　　　　　图 6.59　设置 PC1 的以太网接口地址

(2) 从 IE 浏览器地址栏中地输入"http://192.168.1.1",登录到 RG-WG54P 的管理界面,输入默认密码为"default",如图 6.60 所示。

(3) RG-WG54P 登录界面的常规信息,如图 6.61 所示。

(4) 在常规设置中修改接入点名称为 AP-TEST(此名称为任意设置),设置无线模式为 AP,ESSID 为 ruijie(ESSID 名称可任意设置),信道/频段为 01/2412MHz,模式为混合模式(此模式可根据无线网卡类型进行具体设置)。

(5) 使 RG-WG54P 应用新的设置:配置完成后,单击"确定"按钮,使配置生效,如图 6.62 和图 6.63 所示。

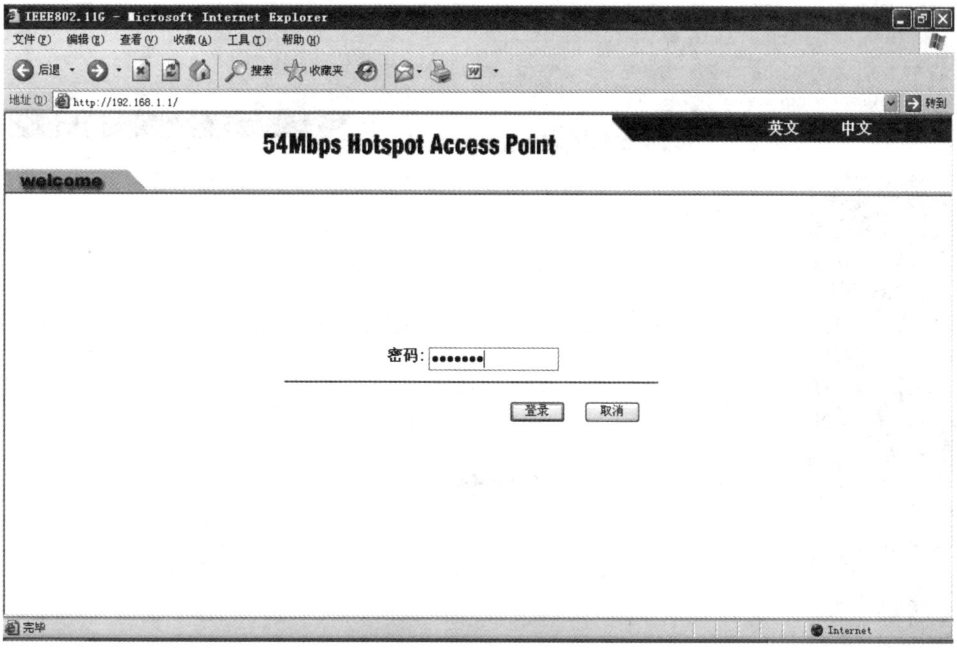

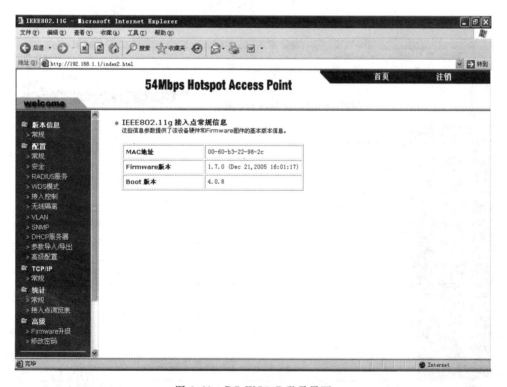

图 6.60　输入密码

图 6.61　RG-WG54P 登录界面

局域网技术

图 6.62　设置接入点

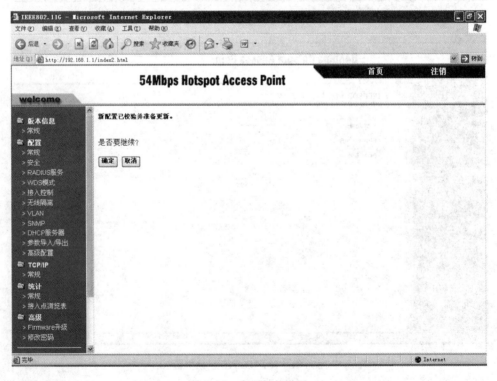

图 6.63　应用新的设置

（6）为 PC1 与 PC2 安装 RG-WG54U 配置软件，设置 SSID 为 ruijie，模式为 Infrastructure，如图 6.64 所示。

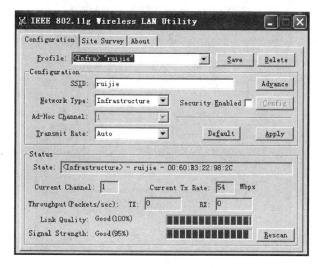

图 6.64　安装 RG-WG54U 配置软件

（7）将 PC1 与 PC2 的 RG-WG54P 网卡加入到 ruijie 这个 ESSID。

（8）选中 ruijie，然后单击右下角的 Join 按钮，如图 6.65 所示。

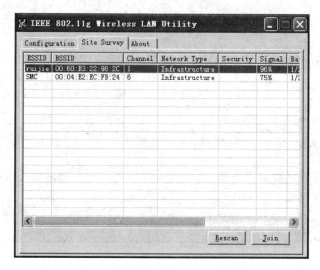

图 6.65　加入 ruijie 的 ESSID

设置 PC1 与 PC2 的无线网络 IP 地址。

（1）配置 PC1 地址为 1.1.1.2/24，PC2 地址为 1.1.1.36/24，保证在同一网段即可（图中为 PC2 地址配置，PC1 与 PC2 地址配置方法相同），如图 6.66 所示。

（2）测试 PC1 与 PC2 的连通性，如图 6.67 所示。

注意事项：

（1）两台移动设备的无线网卡的 SSID 必须与 RG-WG54P 上设置一致。

（2）RG-WG54U 无线网卡信道必须与 RG-WG54P 上设置一致。

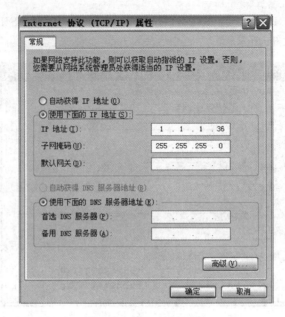

图 6.66　PC2 地址配置

图 6.67　PC1 ping PC2 正常通信

(3) 注意两块无线网卡的 IP 地址设置为同一网段。

(4) 无线网卡通过 Infrastructure 方式互连,覆盖距离可以达到 100~300m。

习　　题

一、填空题

1. 局域网的传输介质主要有 _____、_____、_____ 和 _____ 4 种,其中,

_____抗干扰能力最高；_____的数据传输率最低；_____传输距离居中。

2. FDDI 的中文名称是_____。

3. FDDI 使用_____为传输介质，网络的数据传输率可达_____，采用_____为拓扑结构，使用_____作为共享介质的访问控制方法，为提高可靠性，它还采用了_____结构。

4. 采用令牌环协议时，环路上最多有_____个令牌，而采用 FDDI 时，环路上可以有_____个令牌。

5. 局域网常见的拓扑结构有_____、_____和_____等。

6. 在计算机网络中，双绞线、同轴电缆以及光纤等用于传输信息的载体被称为_____。

7. CSMA/CD 的发送流程可以简单地概括为 4 点：_____、_____、_____和_____。

8. 在网络中，网络接口卡的 MAC 地址位于 OSI 参考模型的_____层。

二、选择题

1. MAC 地址通常存储在计算机的_____。
   A. 内存中　　　　　B. 网卡中　　　　　C. 硬盘中　　　　　D. 高速缓冲区中

2. 在以太网中，冲突_____。
   A. 是由于介质访问控制方法的错误使用造成的
   B. 是由于网络管理员的失误造成的
   C. 是一种正常的现象
   D. 是一种不正常的现象

3. 下面关于以太网的描述哪个是正确的？_____
   A. 数据是以广播方式发送的
   B. 所有节点可以同时发送和接收数据
   C. 两个节点相互通信时，第 3 个节点不检测总线上的信号
   D. 网络中有一个控制中心，用于控制所有节点的发送和接收

4. 根据 FDDI 的工作原理，发送站点只有收到_____才可以发送信息帧。中间站点只能_____信息帧，按接收站点可以_____和_____信息帧，当信息帧沿环路转一圈后，由发送站点将信息帧_____。
   A. 增加　　　　　B. 删除　　　　　C. 令牌　　　　　D. 发送
   E. 拷贝　　　　　F. 转发　　　　　G. 修改

5. 网络中用集线器或交换机连接各计算机的这种结构属于_____。
   A. 总线结构　　　B. 环形结构　　　C. 星形结构　　　D. 网状结构

6. FDDI 标准规定网络的传输介质采用_____。
   A. 非屏蔽双绞线　　B. 屏蔽双绞线　　　C. 光纤　　　　　D. 同轴电缆

7. 在计算机网络中，所有的计算机均连接到一条公共的通信传输线路上，这种连接结构被称为_____。
   A. 总线结构　　　B. 环形结构　　　C. 星形结构　　　D. 网状结构

8. 下列哪个 MAC 地址是正确的？_____
   A. 00-16-5B-4A-34-2H　　　　　　　　B. 192.168.1.55

C. 65-10-96-58-16　　　　　　　　D. 00-06-5B-4F-45-BA

9. 决定局域网特性的主要技术要素是：网络拓扑、传输介质和_____。

A. 网络操作系统　　　　　　　　B. 服务器软件

C. 体系结构　　　　　　　　　　D. 介质访问控制方法

10. 下面不属于网卡功能的是_____。

A. 实现介质访问控制　　　　　　B. 实现数据链路层的功能

C. 实现物理层的功能　　　　　　D. 实现调制和解调功能

三、简答题

1. 简述全双工和半双工的区别。

2. 简述光纤多模传输方式。

3. 简述帧交换方式的特点。

第7章 网络安全与管理

本章学习目标
- 了解简单网络管理协议的组成及应用
- 了解影响网络安全的因素和网络安全对策
- 了解网络防火墙的概念、技术和应用
- 掌握网络管理的基本功能、网络安全的基本概念和内涵

随着计算机网络和通信技术的发展,计算机网络对网络管理和网络安全的要求越来越高,也变得越来越重要,因为网络的安全已经涉及国家主权等许多重大问题。

网络管理已成为现代网络技术中非常重要的问题,也是网络设计、实现、运行与维护等各个环节中的关键问题之一,一个有效而且实用的网络,时时都离不开网络管理。同时,网络和信息安全却正面临着日益严重的威胁,随着"黑客"工具技术的日益发展,几乎每个上网用户都必须面对网络安全的问题。由于网络管理和网络安全是一门专业学科,所以本章只对网络管理和网络安全问题的基本内容进行初步的讨论。

7.1 网络安全概述

安全问题是计算机网络的一个主要薄弱环节,广大的网络用户在利用改善了他们工作和生活的计算机网络的同时,也必须面对计算机病毒、黑客、有害程序(如木马、流氓软件)、系统漏洞和后门等所带来的威胁。网络安全问题已经成为信息社会的一个焦点问题。

7.1.1 网络安全的概念

从字面上来说,网络安全是指网络上的信息安全,是研究涉及网络上信息的保密性、完整性、可用性、真实性和可控性的相关技术和理论。所以说,网络安全是指网络系统的硬件、软件及其系统中的数据受到保护,不因偶然的因素或者恶意的攻击而遭到破坏、更改、泄漏,确保系统能连续、可靠、正常地运行,网络服务不中断。网络安全从其本质上来讲主要是指网络上的信息安全。

网络安全包括物理安全、逻辑安全、操作系统安全和网络传输安全等。

(1) 物理安全。物理安全是指用来保护计算机硬件和存储介质的装置和工作程序,包括防盗、防火、防静电、防雷击和防电磁泄漏等内容。

(2) 逻辑安全。计算机的逻辑安全需要用口令字、文件许可、加密、检查日志等方法来实现。防止黑客入侵主要依赖于计算机的逻辑安全。加强计算机的逻辑安全的几个常用措

施如下。

① 限制登录的次数,对试探操作加上时间限制。

② 把重要的文档、程序和文件加密。

③ 限制存取非本用户自己的文件,除非得到明确的授权。

④ 跟踪可疑的、未授权的存取企图。

(3) 操作系统安全。操作系统是计算机中最基本、最重要的软件。如果计算机系统需要提供给许多人使用,操作系统必须能区分用户,防止他们相互干扰。一些安全性高、功能较强的操作系统可以为计算机的每个用户分配账户,不同账户有不同的权限。操作系统不允许一个用户修改由另一个账户产生的数据。

(4) 网络传输安全。网络传输安全可以通过以下的安全服务来达到。

① 访问控制服务,用来保护计算机和联网资源不被非授权使用。

② 通信安全服务,用来认证数据的保密性和完整性,以及各通信的可信赖性,如基于互联网的电子商务就依赖并广泛采用通信安全服务。

7.1.2 网络中存在的安全威胁

在能够进入互联网冲浪之前,还首先要做一些准备工作。首先需要申请上网账号,还要对系统的硬件、软件和通信系统进行安装和设置,才能够最终接入互联网。

1. 非授权访问

非授权访问是指没有经过同意就使用网络或计算机资源,对网络设备及资源进行非正常使用及操作,包括越权访问、假冒、身份攻击、非合法用户进入网络系统进行合法用户的操作等。

2. 信息丢失或泄漏

信息丢失或泄漏是指有些保密性数据在有意中或无意中被丢失或泄漏,包括信息在传输中和存储中两个方面。

3. 破坏数据的完整性

破坏数据的完整性是指数据在传输和存储中,以非法手段对数据进行删除、修改、盗取等操作,以破坏数据的完整性,影响用户正常使用。

4. 拒绝服务攻击

拒绝服务攻击是指采取非法手段不断对网络服务系统进行干扰,改变其正常的作业流程,使网络服务系统响应减慢甚至瘫痪,影响正常用户使用或不能得到相应的服务。

5. 通过网络传播病毒

计算机病毒是一种特殊的计算机程序,它利用现有的计算机系统设计的漏洞,破坏其正常运行,同时会通过网络进行传播,破坏网络上的别的计算机的硬件或软件系统。

7.1.3 网络安全的特性

1. 保密性

保密性是指网络信息不泄漏给非法的个人、实体或过程。

2. 完整性

完整性是指信息在传输、交换、存储和处理过程中,保持数据的完整、不被修改、丢失,信息能够正确生成、传输和存储。

3. 可用性

可用性是指网络信息在授权的实体下进行访问,并按要求进行操作,如正常存储、灾备数据恢复等。

4. 可控性

可控性是指在网络系统中传递的信息及具体内容能够实现有效的控制,如存储空间、传播内容、传播站点、服务器负荷等。

5. 审查性

审查性是指在网络通信过程中,双方在信息传递过程中,能够确认身份真实性。

7.1.4　网络安全技术

不同类型的网络都存在安全隐患或攻击,可以通过以下方法或措施进行防范或阻止。

1. 数据加密

数据加密就是按照确定的密码算法把明文数据变换成难以识别的密文数据,通过使用不同的密钥进行加密和解密。

2. 数字签名

数字签名就是通过对数据进行相应的加密计算,保障数据源发送者不发生抵赖行为。

3. 身份认证

身份认证就是确定网络和系统的访问者是否是合法用户。

4. 访问控制

访问控制就是防范非法用户进入系统和访问及操作网络资源。

5. 防火墙

防火墙就是设置在内部网络和外部网络之间的一道屏障,防止发生不可预测的、潜在的破坏性的入侵、非法信息流入内部网络,达到提供信息安全服务、实现网络和信息安全的目标。

7.2　网　络　攻　击

要保证运行在网络环境中的信息系统的安全,首要问题是保证网络自身能够正常工作,因此首先要解决如何防止网络被攻击。如果预先采取了有效的攻击防范措施,网络即使受到攻击,仍然能够保持正常的工作状态。如果一个网络一旦被攻击,就会出现网络瘫痪或其他严重问题,那么这个网络中信息的安全也就无从说起。

在 Internet 中,对网络的攻击可以分为两种基本类型,即服务性攻击与非服务性攻击。从黑客攻击的手段上看,又可以大致分为以下 8 种:系统入侵类攻击、缓冲区溢出攻击、欺骗类攻击、拒绝服务类攻击、防火墙攻击、病毒类攻击、木马程序攻击、后门攻击等。

7.2.1　服务性攻击

从字面上来说,网络安全是指网络上的信息安全,是研究涉及网络上信息的保密性、完整性、可用性、真实性和可控性的相关技术和理论。所以说,网络安全是指网络系统的硬件、软件及其系统中的数据受到保护,不因偶然的因素或者恶意的攻击而遭到破坏、更改、泄漏,确保系统能连续、可靠、正常地运行,网络服务不中断。网络安全从其本质上来讲主要是指网络上的信息安全。

服务性攻击(Application Dependent Attack)是指对为网络提供某种服务的服务器发起攻击,造成该网络的"拒绝服务",使网络工作不正常。特定的网络服务包括 E-mail 服务、Telnet、FTP、WWW 服务、流媒体服务、P2P 服务等。例如,Telnet 服务在众所周知的 TCP 的 23 端口上提供远端连接,WWW 在 TCP 的 80 端口等待客户的浏览请求。由于 TCP/IP 缺乏认证、保密措施,因此就有可能为服务攻击提供条件。攻击者可能针对一个网站的 WWW 服务进行攻击,他会设法使该网站的 WWW 服务器瘫痪或修改其主页,使得该网站的 WWW 服务失效或不能正常工作。

7.2.2 非服务性攻击

非服务性攻击(Application Independent Attack)不针对某项具体应用服务,而是针对网络层等低层协议进行的。攻击者可能使用各种方法对网络通信设备(如路由器、交换机)发起攻击,使得网络通信设备工作严重阻塞或瘫痪,使小到一个局域网,大到一个或几个子网不能正常工作或完全不能工作。TCP/IP(尤其是 IPv4)自身安全机制的不足为攻击者提供了方便。源路由攻击和地址欺骗都属于这一类。

与服务攻击相比,非服务攻击与特定服务无关。它往往利用协议或操作系统实现协议时的漏洞来达到攻击目的,更为隐蔽且常常被人们所忽略,因而是一种更为危险的攻击手段。网络防攻击技术的关键在于如何发现网络被攻击,以及当网络被攻击时应该采取怎样的处理办法,以便将损失控制到最小。因此,网络防攻击技术主要应解决以下几个问题。

(1) 网络可能遭到哪些人的攻击。

(2) 攻击类型与手段可能有哪些。

(3) 如何及时检测并报告网络被攻击。

(4) 如何采取相应的网络安全策略与网络安全防护体系。

事实上,很多企业、机构及用户对网站或网络系统的安全重视不够,都存在着一定的安全隐患,导致被黑客攻击的事件屡有发生。因此,对网络系统加强管理是企业、机构及用户免受攻击的重要措施。

网络攻击所造成的后果是非常严重的,而网络攻击的手段又是千变万化的,因此网络防攻击技术是网络安全技术最重要的部分。

7.3 计算机病毒

计算机病毒与医学上的"病毒"不同,它不是自然就有的,而是某些人利用计算机软、硬件编制的具有特殊功能的程序,像生物病毒一样,可以繁殖、感染和破坏。当计算机病毒通过某种途径传播到计算机后,便会造成计算机系统运行缓慢甚至瘫痪等现象,影响计算机正常运行。

7.3.1 计算机病毒的特征

当计算机病毒通过某种途径传播到计算机后,存在于计算机的硬盘上,开始的时候该病毒是处于静止的状态,当在一定条件下,该病毒就会被触发或激活,它会实施对计算机系统文件进行破坏、传染等行为操作。所以,归结起来,计算机病毒具有破坏性、传染性、潜伏性、隐蔽性、变种等特征。这里主要阐述以下特征。

1. 破坏性

计算机病毒的破坏性是指计算机病毒进入正常的计算机系统中,破坏文件和数据,影响系统的正常运行。比如,计算机系统运行某个应用程序和之前相比运行奇慢,之前文件可以打开但现在已经无法正常打开等现象。

2. 传染性

计算机病毒的传染性是指:计算机病毒把本身传染给其他应用程序的特性。它是计算机病毒的重要特征,也是衡量计算机是否感染病毒的重要依据。

运行已经感染计算机病毒的应用程序或文件时,它会很快感染与其关联的其他应用程序或文件,同时会迅速感染蔓延到计算机网络中的计算机,比如"百变蠕虫"。

3. 潜伏性

计算机病毒与医学上的"病毒"有一个共同的特点——"潜伏性"。计算机病毒具有依附或寄存在其他应用程序中的能力。它传染给合法的应用程序或系统后,可能很久一段时期内都不会发作,往往潜伏一段时期后,在某个特定的条件下激活自己或者继续潜伏,在用户没有察觉的情况下继续传染。

7.3.2 计算机病毒的防治

计算机病毒与医学上的"病毒"不同,它不是自然就有的,而是某些人利用计算机软、硬件编制的具有特殊功能的程序,像生物病毒一样,可以繁殖、感染和破坏。为了使计算机系统正常运行、不被恶意程序篡改系统文件,需要使用"反病毒"软件来查杀病毒、防治病毒。

安装在计算机系统中的"杀毒软件",包括查杀病毒和防御病毒进入系统两种功能。它通常具有监控、识别、扫描、清除以及自动防御和升级等功能。使用中需要注意以下几点。

(1) 杀毒软件不是万能的,能查杀所有病毒。

(2) 杀毒软件能查到病毒,不一定能杀掉病毒。

(3) 一个操作系统不能同时安装两套或两套以上的杀毒软件。

(4) 杀毒软件也是应用程序中的一种,会出现误报、误删除文件,所以需要使用者分析对比查杀病毒。

(5) 杀毒软件滞后计算机病毒的产生。

目前国内反病毒软件有很多,常用的有:金山毒霸、瑞星。每个杀毒软件都有各自的优点和缺点,需要计算机使用者根据自身特点选取使用。

7.4 防 火 墙

7.4.1 防火墙的基本概念

保护网络安全的最主要的手段之一是构筑防火墙。防火墙的概念起源于中世纪的城堡防卫系统,那时人们为了保护城堡的安全,在城堡的周围挖一条护城河,每一个进入城堡的人都要经过吊桥,并且还要接受城门守卫的检查。人们借鉴了这种防护思想,设计了一种网络安全防护系统,这种系统被称作防火墙。

防火墙是一种设置在内部网络和外部网络之间,执行安全控制策略的系统。设置它的目的在于,保护内部网络资源不被外部非法用户使用及攻击,可以根据用户设定控制策略,进行有选择地开放数据通道。因此,防火墙是设置在被保护的内部网络和外部网络之间的软件和硬件设备的组合,对内部网络和外部网络之间的通信进行控制。其实质是将内部网和外部网(如 Internet)分开的一种隔离技术,其结构如图 7.1 所示。

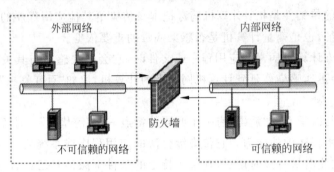

图 7.1　防火墙的位置

防火墙技术根据企业的安全政策控制(允许、拒绝、监测)出入企业内部网络的信息流,尽可能地对外部屏蔽网络内部的结构、信息和运行情况,阻止网络中的黑客来访问网络资源,且具有较强的抗攻击能力。

构成防火墙系统的两个基本部件是包过滤路由器和应用网关(也叫应用层(级)网关)。最简单的防火墙由一个包过滤路由器组成,而复杂的防火墙系统是由包过滤路由器和应用级网关组合而成。

7.4.2　防火墙的系统结构

1. 防火墙系统结构的基本概念

防火墙是一个由软件与硬件组成的系统。由于不同内部网的安全策略与防护目的不同,防火墙系统的配置与实现方式也有很大的区别。简单的一个包过滤路由器或应用代理都可以作为防火墙使用。实际的防火墙系统要复杂得多,它们经常将包过滤路由器与应用层网关作为基本单元,从而形成多种系统结构。

2. 堡垒主机的概念

从理论上讲,用一个双归属主机作为应用层网关可以起到防火墙的作用,这种结构如图 7.2 所示。

在这种结构中,应用层网关完全暴露给整个外部网络,而应用层网关的自身安全会影响到整个系统的工作,因此从防火墙设计来说,运行应用层网关软件的计算机系统必须非常可靠。人们把处于防火墙关键部位、运行应用层网关软件的计算机系统称为堡垒主机。

设置堡垒主机需要注意以下几个问题。

(1) 采用操作系统的安全版本,并打好所有补丁,使它成为一个可信任的系统。

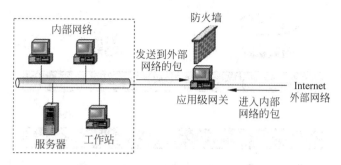

图 7.2 应用级网关作为防火墙的结构

（2）删除不必要的服务和应用软件，保留必需的服务，如 DNS、FTP、SMTP 与 Telnet 等服务，安装应用代理软件。

（3）配置资源保护、用户身份鉴别与访问控制，设置审计与日志功能。

（4）设计堡垒主机防攻击方法，以及被破坏后的应急方案。

3. 典型的防火墙系统结构

1）被屏蔽的堡垒主机系统结构

被屏蔽的堡垒主机系统结构使用一个单独的屏蔽路由器来提供与内部网络相连的堡垒主机的服务，如图 7.3 所示。在这种系统结构中，主要的安全措施是数据包过滤。

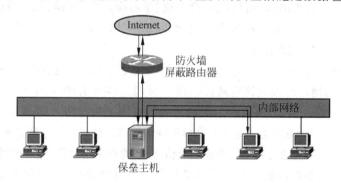

图 7.3 被屏蔽的堡垒主机系统结构

2）被屏蔽子网系统结构

被屏蔽子网系统结构通过进一步增加隔离内外网的边界网络（Perimeter Network）为屏蔽结构增添了额外的安全层。这个边界网络主要包括向公网提供服务（如电子邮件、FTP、WWW）的服务器等，有时候被称为非军事区（Demilitarized Zone，DMZ）。堡垒主机是最脆弱、最易受攻击的部位，通过隔离堡垒主机的边界网络，可以减轻堡垒主机被攻破所造成的后果。因为此处堡垒主机不再是整个网络的关键点，所以它们给入侵者提供一些访问，而不是全部。

最简单的被屏蔽子网系统结构如图 7.4 所示。

它有两个屏蔽路由器，一个连接外网与边界网络，另一个连接边界网络与内网。为了攻进内网，入侵者必须通过两个屏蔽路由器。即使黑客能够攻破堡垒主机，他还需通过内部屏蔽路由器。

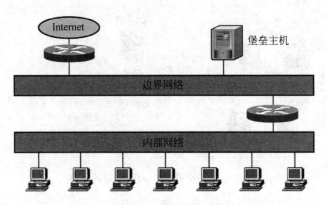

图 7.4　被屏蔽子网系统结构

4. 个人防火墙

1）个人防火墙简介

现在网络上流行着很多的个人防火墙软件，它们是应用程序级的。个人防火墙是一种能够保护个人计算机系统安全的软件，它可以直接在用户的计算机上运行，保护这台计算机免受攻击。通常，这些防火墙是安装在计算机网络接口的较低级别上，使得它们可以监视输入输出网卡的所有网络通信流。

一旦安装上个人防火墙，就可以把它设置成“学习模式”。这样的话，对遇到的每一种新的网络通信，个人防火墙都会提示用户一次，询问如何处理这种通信，然后记住响应方式，并应用于以后遇到相同的网络通信。

例如，用户已经安装了一台个人 Web 服务器，个人防火墙可能将第一个传入的 Web 连接做上标志，并询问用户是否允许它通过。用户可能允许所有的 Web 连接、来自某些特定 IP 地址范围的连接等，个人防火墙然后把这条规则应用于所有传入的 Web 连接。

个人防火墙在用户计算机上建立了一个虚拟网络接口。计算机操作系统不再直接通过网卡进行通信，而是以操作系统通过和个人防火墙对话，仔细检查网络通信，然后再通过网卡通信。

个人防火墙的主要缺点就是对公共网络只有一个物理接口，这可能会导致个人防火墙本身容易受到威胁，或者说网络通信可以绕过防火墙的规则。

2）杀毒软件和防火墙软件

在计算机的安全防护中，用户经常要用到杀毒软件和防火墙软件，而这两者在计算机安全防护中所起到的作用是不同的。

（1）防火墙是位于计算机和它所连接的网络之间的软件，安装了防火墙的计算机流入流出的所有网络通信均要经过此防火墙。使用防火墙是保障网络安全的第一步。

（2）因为杀毒软件和防火墙软件本身定位不同，所以在安装反病毒软件之后，还不能阻止黑客攻击，用户需要再安装防火墙类软件来保护系统安全。

（3）杀毒软件主要用来防病毒，当遇到黑客攻击时反病毒软件无法对系统进行保护；防火墙软件用来防黑客攻击，但不处理病毒。

（4）病毒为可执行代码，黑客攻击为数据包形式；病毒通常自动执行，黑客攻击是被动的；病毒主要利用系统功能，黑客更注重系统漏洞。

（5）防火墙软件需要对具体应用进行规则配置。

7.5 网　络　管　理

随着计算机网络和通信技术的发展,网络管理在计算机网络中也变得越来越重要,网络管理已成为现代网络技术中非常重要的问题,也是网络设计、实现、运行与维护等各个环节中的关键问题之一。

7.5.1 网络管理的概念

网络管理是指对组成网络的各种软硬件设施的综合管理,并监督、组织和控制网络通信服务,以及信息处理所必需的各种活动,以达到充分利用这些资源的目的,保证网络向用户提供可靠的通信服务。确保计算机网络的持续正常运行,并在计算机网络运行出现异常时能及时响应和排除故障。

在计算机网络的硬件中,实际存在着服务器、工作站、网关、路由器、交换机、集线器、传输介质与各种网卡;而在计算机网络操作系统中,有可能是 UNIX、Microsoft 公司的 Windows 系统;计算机网络中还有各种通信软件和大量的应用软件。网络管理的对象就是网络中需要进行管理的所有硬件资源和软件资源。

管理的实质是对各种网络资源进行监测、控制和协调,收集、监控网络中各种设备和相关设施的工作状态、工作参数,并将结果提交给管理员进行处理,进而对网络设备的运行状态进行控制,实现对整个网络的有效管理。

7.5.2 网络管理的功能

网络管理标准化是要满足不同网络管理系统之间互操作的需求。为了支持各种互联网络管理的要求,网络管理需要有一个国际性的标准。

OSI 网络管理标准将开放系统的网络管理功能划分成 5 个功能域,它们分别用来完成不同的网络管理功能。OSI 网络管理中定义的功能域只是网络管理最基本的功能,这些功能都需要通过与其他开放系统交换管理信息来实现。

OSI 管理标准中定义的 5 个功能域:配置管理、故障管理、性能管理、安全管理与计费管理。

1. 配置管理

配置管理是基本的网络管理功能。网络配置是指网络中每个设备的功能、相互间的连接关系和工作参数,它反映了网络的状态。网络是经常需要变化的,需要调整网络配置的原因很多,主要有以下几点。

(1) 为了向用户提供满意的服务,网络必须根据用户需求的变化,增加新的资源与设备,调整网络的规模,以增强网络的服务能力。

(2) 网络管理系统在检测到某个设备或线路发生故障时,在故障排除过程中将会影响到部分网络的结构。

(3) 通信子网中某个结点的故障会造成网络上结点的减少与路由的改变。

对网络配置的改变可能是临时性的,也可能是永久性的。网络管理系统必须有足够的手段来支持这些改变,不论这些改变是长期的还是短期的。有时甚至要求在短期内自动修改网络配置,以适应突发性的需要。

从管理控制的角度看,网络资源可以分为三个状态:可用的、不可用的与正在测试的。从网络运行的角度看,网络资源又可以分为两个状态:活动的与不活动的。

在 OSI 网络管理标准中,配置管理部分可以说是最基本的内容。配置管理是网络中对管理对象的变化进行动态管理的核心。当配置管理软件接到网络操作员或其他管理功能设施的配置变更请求时,配置管理服务首先确定管理对象的当前状态并给出变更合法性的确认,然后对管理对象进行变更操作,最后要验证变更确实已经完成。因此,网络的配置管理活动经常是由其他管理应用软件来实现的。

2. 故障管理

故障管理是指网络管理功能中与设备故障的检测、差错设备的诊断、故障设备的恢复或故障排除有关的网络管理功能,其目的是保证网络能够提供连续、可靠的服务。

3. 性能管理

网络性能管理是持续地评测网络运行中的主要性能指标,以检验网络服务是否达到了预定的水平,找出已经发生的或潜在的瓶颈,报告网络性能的变化趋势,为网络管理决策提供依据。

典型的网络性能管理可以分为两部分:性能监测与网络控制。性能监测指网络工作状态信息的收集和整理;而网络控制则是为了改善网络设备的性能而采取的动作和措施。

在 OSI 性能管理标准中,明确定义了网络或用户对性能管理的需求,以及度量网络或开放系统资源性能的标准,定义了用于度量网络负荷、吞吐量、资源等待时间、响应时间、传播延迟、资源可用性与表示服务量变化的参数。性能管理包括一系列管理对象状态的收集、分析与调整,保证网络可靠、连续通信的能力。

4. 安全管理

安全管理功能是用来保护网络资源的安全。安全管理活动能够利用各种层次的安全防卫机制,使非法入侵事件尽可能少发生;能够快速检测未授权的资源使用,并查出侵入点,对非法活动进行审查与追踪;能够使网络管理人员恢复部分受破坏的文件。

5. 计费管理

对于公用分组交换网与各种网络信息服务系统来说,用户必须为使用网络的服务而交费,网络管理系统则需要对用户使用网络资源的情况进行记录并核算费用。用户使用网络资源的费用有许多不同的计算办法,如国内一般根据上网时间进行计费。

在大多数企业内部网中,内部用户使用网络资源并不需要交费,但是计费功能可以用来记录用户对网络的使用时间、统计网络的利用率与资源使用等内容。因此,计费管理功能在企业内部网中也是非常有用的。

7.5.3　简单网络管理协议

简单网络管理协议(Simple Network Management Protocol,SNMP)是在 1988 年 8 月作为一个网络管理标准 RFC 1157 正式公布(RFC 是 Internet 的网络标准)。SNMP 一经推出就得到了广泛的应用和支持,包括 IBM、HP、Sun 等在内的数百家厂商均支持 SNMP,SNMP 已经成为网络管理领域中事实上的工业标准。

7.6 实 验 任 务

7.6.1 任务 1 Windows 防火墙的应用及简易设置

Windows 的防火墙功能已经是越加臻于完善,系统防火墙已经成为系统的一个不可或缺的部分,应该学着使用和熟悉它,对系统信息保护将会大有裨益。

下面以 Windows 7 操作系统为例。Windows 7 防火墙的常规设置方法比较简单,具体操作如下。

(1) 打开"计算机"|"控制面板"|"Windows 防火墙",如图 7.5 和图 7.6 所示。

图 7.5 打开"控制面板"

图 7.6 打开"Windows 防火墙"

网络安全与管理

（2）打开 Windows 防火墙进入防火墙设置界面。左面就是 Windows 防火墙具体设置菜单，如图 7.7 所示。

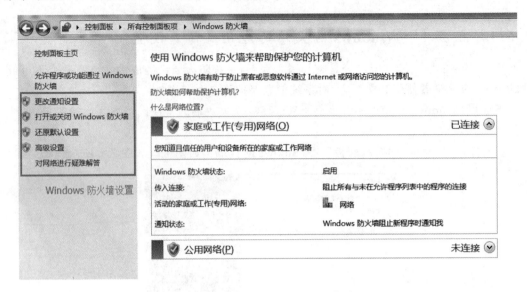

图 7.7　Windows 防火墙设置菜单

打开或者关闭防火墙之后，出现防火墙的开关界面，如图 7.8 所示。

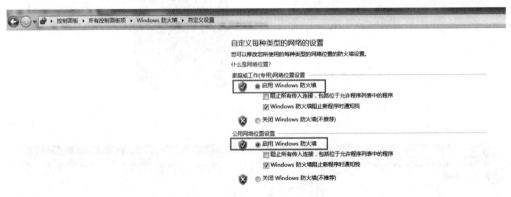

图 7.8　Windows 防火墙设置

不论在家庭网络还是在公共网络，Windows 系统都是建议打开防火墙的。虽然打开防火墙之后会降低中招的风险，但也会阻止一些想要运行的程序。比如宿舍中的同学想在一起联机玩游戏，却不能连接局域网，有可能就是被防火墙阻止的。

如果防火墙导致数据不能互通，可以打开高级设置。单击"高级设置"，弹出"高级安全 Windows 防火墙"对话框，如图 7.9 所示。

对于"入站规则"和"出站规则"可以查看通过 Windows 防火墙的程序规则，通过这个程序规则，可以增加或者删除想开放或者阻止的程序。同时，有些规则是没有必要的，可以单击右边的"删除"按钮删掉规则。此规则不在此赘述，请通过 Windows 防火墙帮助文件具体了解。

图 7.9　Windows 防火墙高级设置

7.6.2　任务 2　天网防火墙配置

天网防火墙是国内外针对个人用户最好的中文软件防火墙之一。天网防火墙个人版（简称为天网防火墙）是由天网安全实验室研发制作给个人计算机使用的网络安全工具。它根据系统管理者设定的安全规则(Security Rules)把守网络，提供强大的访问控制、应用选通、信息过滤等功能。它可以帮助抵挡网络入侵和攻击，防止信息泄漏，保障用户机器的网络安全。天网防火墙把网络分为本地网和互联网，可以针对来自不同网络的信息，设置不同的安全方案，它适合于任何方式连接上网的个人用户。

1. 天网防火墙个人版的安装

首先双击 SkynetPFW_Trial_Release_v3.0_Build0611_huajun.EXE 安装程序开始安装天网防火墙个人版，如图 7.10 所示。

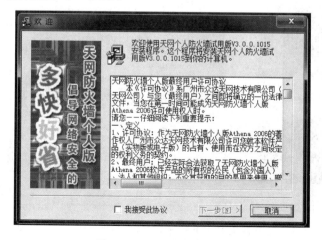

图 7.10　天网防火墙安装

网络安全与管理

安装软件必须遵守的协议,选择"我接受此协议"复选框。如果不选择接受协议,则无法进行下一步安装。单击"下一步"按钮,继续安装直至自动弹出"天网防火墙设置向导"界面,如图 7.11 所示,安全级别设置如图 7.12 所示。

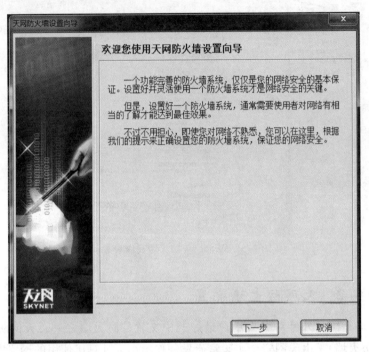

图 7.11　天网防火墙安装

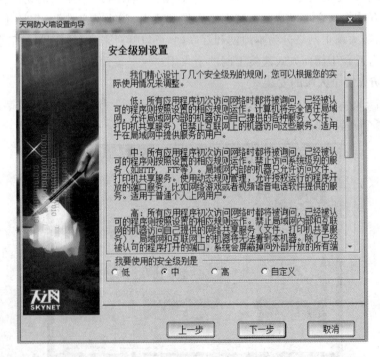

图 7.12　天网防火墙安全级别设置

单击"下一步"按钮,进行局域网信息设置。如果本机不在局域网中,可以直接跳过,若要在局域网中使用本机,则需正确设置本机在局域网中的 IP 地址,如图 7.13 所示。

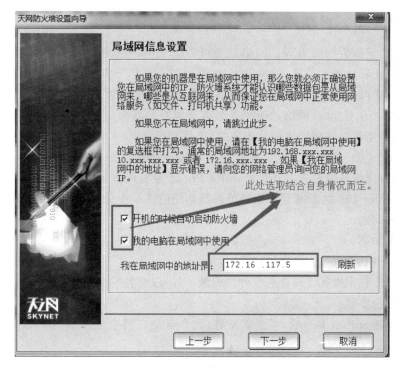

图 7.13　局域网信息设置

最后,单击"结束"按钮,完成向导设置。需要注意安装完成必须重启计算机才能正常使用天网防火墙。

2. 天网防火墙的设置

系统设置有启动、规则设定、应用程序权限、局域网地址设定、其他设置几个方面。

启动一项是设定开机后自动启动防火墙。在默认情况下不启动,一般选择自动启动。这也是安装防火墙的目的。规则设定是个设置向导,可以分别设置安全级别、局域网信息、常用应用程序。局域网地址设定和其他设置用户可以根据网络环境和爱好自由设置。这里以安全级别设置为例进行阐述,其他设置类似,在此不再赘述。

天网防火墙的安全级别分为高、中、低、自定义 4 类。把鼠标置于某个级别上时,可从注释对话框中查看详细说明。

低安全级别情况下,完全信任局域网,允许局域网中的机器访问自己提供的各种服务,但禁止互联网上的机器访问这些服务。

中安全级别下,局域网中的机器只可以访问共享服务,但不允许访问其他服务,也不允许互联网中的机器访问这些服务,同时运行动态规则管理。

高安全级别下,系统屏蔽掉所有向外的端口,局域网和互联网中的机器都不能访问自己提供的网络共享服务,网络中的任何机器都不能查找到该机器的存在。

自定义级别适合了解 TCP/IP 的用户,可以设置 IP 规则,而如果规则设置不正确,可能会导致不能访问网络。

对普通个人用户而言，一般推荐将安全级别设置为中级。这样可以在已经存在一定规则的情况下，对网络进行动态的管理。

7.6.3 任务3 网络监听

网络监听，又称为网络嗅探。网络监听可以说是网络安全领域一个非常敏感的话题。作为一种发展比较成熟的技术，网络监听就像一把双刃剑，一方面它为网络管理员提供了一种管理网络的手段，监听在协助网络管理员监测网络传输数据、排除网络故障等方面有着不可替代的作用；另一方面，网络监听也是黑客获取在局域网上传输的敏感信息的一种重要手段，因为网络监听是一种被动的攻击方式，不易被察觉。

通过 Sniffer Pro 实时监控，及时发现网络环境中的故障（例如病毒、工具、流量超限等）。对于没有网络流量监控的环境，Sniffer Pro 还能实现流量的监控。同时，将数据包捕获后，通过 Sniffer Pro 的专家分析系统可以帮助我们进一步分析数据包，以便更好地分析、解决网络异常问题。

操作步骤如下。

1. Sniffer Pro 的安装、启动和配置

（1）Sniffer Pro 的安装和普通软件的安装一样，没有特殊要求，英文不好的用户可以下载汉化补丁进行安装。

（2）安装完 Sniffer Pro 后，系统重新启动，会自动在网卡上加载 Sniffer Pro 特殊的驱动程序，如图 7.14 所示。

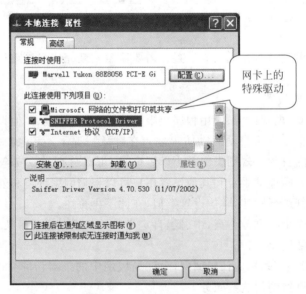

图 7.14 安装 Sniffer 后的"本地连接 属性"对话框

（3）启动软件。启动时，需要选择程序从哪个网络适配器接收数据，如图 7.15 所示。选择好网卡后，进入 Sniffer 的主界面。

2. 数据的捕获与分析

（1）在如图 7.16 所示的主界面中，单击工具栏中的 ▶ 按钮，开始数据的捕获，捕获一段

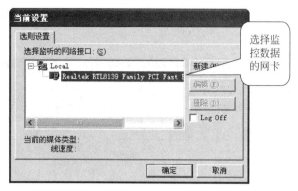

图 7.15　启动 Sniffer 时选择监听网卡

时间后，单击 ![] 按钮可停止捕获数据并对已捕获数据进行分析，如图 7.17 所示，在"专家"
选项卡中可分类浏览数据相关信息。

图 7.16　Sniffer 主界面

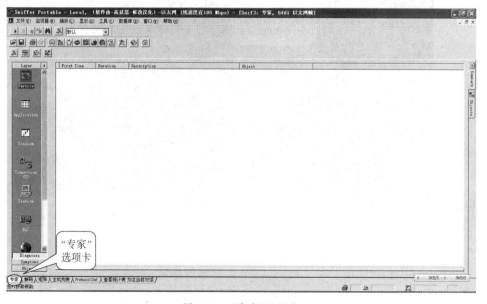

图 7.17　"专家"选项卡

（2）在"解码"选项卡中，可详细了解信息的来源与去向，以及信息的具体内容，如图 7.18 所示。

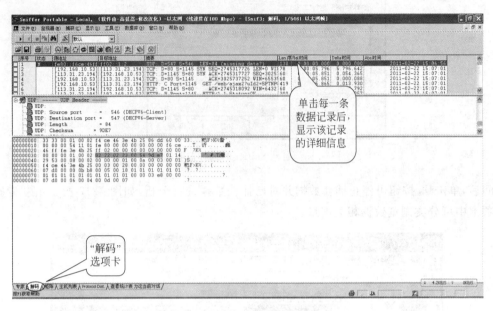

图 7.18　"解码"选项卡

（3）在"矩阵"选项卡中，可以看到整个数据的传输地图，清楚地了解信息的大致流向，判断网络中的数据流向，找出网络故障所在，如图 7.19 所示。

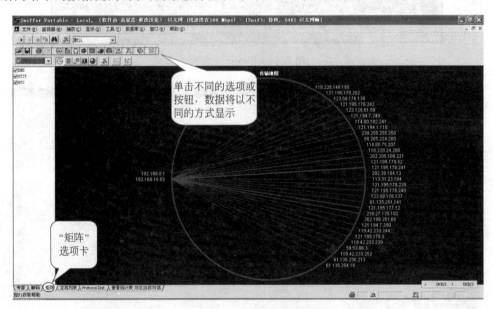

图 7.19　"矩阵"选项卡

（4）在"主机列表"选项卡中，可看到每个机器的数据量，可选择以 MAC 地址查看，也可选择以 IP 地址查看。还可选择以图形方式查看，如图 7.20 所示。

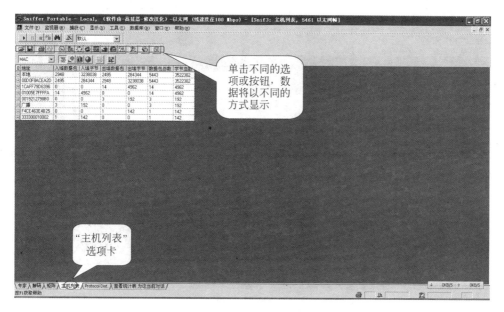

图 7.20　主机列表选项卡

（5）在"查看统计表"选项卡中，可了解本次捕获的相关统计数据，如图 7.21 所示。

图 7.21　"查看统计表"选项卡

3. 数据的实时查看分析

（1）通过单击工具栏中的不同按钮，可以以不同的方式实时查看数据信息，如图 7.22 所示为仪表板模式界面。

（2）在仪表板模式中，可设置仪表板的相关属性，对采集数据进行过滤，如图 7.23 所示。

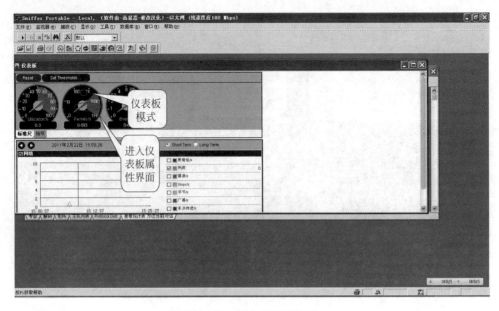

图 7.22　仪表板模式界面

图 7.23　"仪表板属性"对话框

(3) 在主机列表模式中可选择不同的数据展现方式,如图 7.24 所示。图 7.25 是以饼图展示的主机列表界面。

(4) 图 7.26 为传输地图模式的实时数据分析界面。在传输地图模式中,也可以选择不同的数据展现方式,从不同角度来分析数据。如图 7.27 所示为以主机列表的形式显示传输地图。

(5) 其他的实时数据显示模式在此不再展示,用户可根据需要,选择合适的数据展示方式,了解数据的流向和流量等信息。

还可以利用 Sniffer 监控某些特定的主机的数据。选择"捕获"|"定义过滤器"|"地址"菜单项,可定义不同地址类型的数据过滤规则,对特定主机进行监控,如图 7.28 所示。

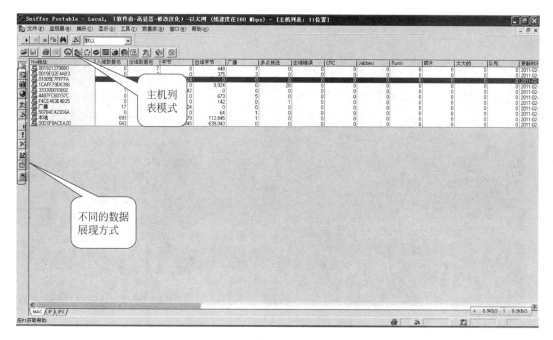

图 7.24　主机列表模式界面

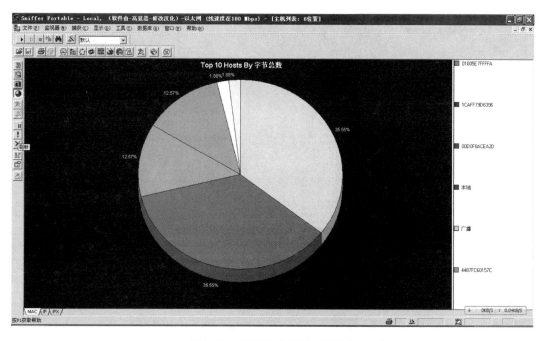

图 7.25　饼图形式展示主机列表

网络安全与管理

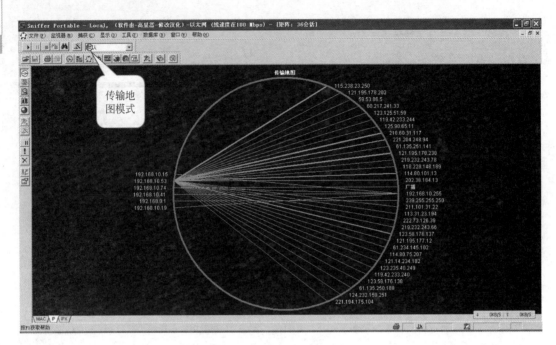

图 7.26　传输地图模式界面

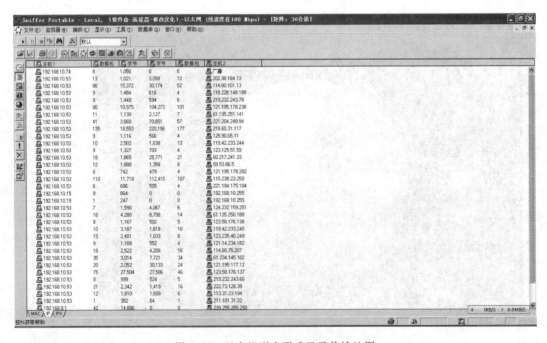

图 7.27　以主机列表形式显示传输地图

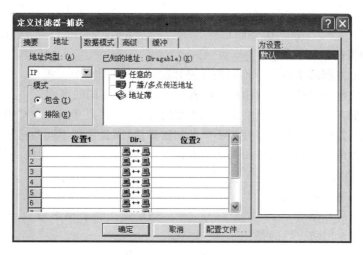

图 7.28 定义过滤器窗口

习 题

一、填空题

1. SSL 协议利用_____技术和_____技术,在传输层提供安全的数据传递通道。

2. 网络安全主要研究计算机网络的_____和_____,以确保网络免受各种威胁和攻击。

3. 为了保障_____,防止外部网对内部网的侵犯,一般需要在内部网和外部公共网之间设置_____。

4. 黑客对信息流的干预方式可以分为_____、_____、_____和_____。

5. 网络为用户提供的安全服务应包括_____、_____、_____、_____和_____。

6. 网络安全具有_____、_____和_____。

7. 网络安全机密性的主要防范措施是_____。

8. 网络安全完整性的主要防范措施是_____。

9. 网络安全可用性的主要防范措施是_____。

10. 网络安全机制包括_____和_____。

11. 入侵监测系统通常分为基于_____和基于_____两类。

12. 数据加密的基本过程就是将可读信息译成_____的代码形式。

13. 访问控制主要有两种类型:_____访问控制和_____访问控制。

14. 网络访问控制通常由_____实现。

15. 密码按密钥方式划分,可分为_____和_____。

16. DES 加密算法主要采用_____和_____的方法加密。

17. 非对称密码技术也称为_____密码技术。

二、选择题

1. 常用的公开密钥(非对称密钥)加密算法_____;常用的秘密密钥(对称密钥)加

密算法是_____。

    A. DES   B. SED   C. RSA   D. RAS

2. RSA 加密技术特点是_____。

    A. 加密方和解密方使用不同的加密算法,但共享同一个密钥

    B. 加密方和解密方使用相同的加密算法,但使用不同的密钥

    C. 加密方和解密方不但使用相同的加密算法,而且共享同一个密钥

    D. 加密方和解密方不但使用不同的加密算法,而且使用不同的密钥

3. 数字签名是数据的接收者用来证实数据的发送者身份确实无误的一种方法,目前进行数字签名最常用的技术是_____。

    A. 秘密密钥加密技术   B. 公开密钥加密技术

    C. 以上两者都是   D. 以上两者都不是

4. 以下属于专用防火墙的是_____。

    A. 天网   B. 金山毒霸   C. 瑞星   D. 360 杀毒软件

5. 对于黑客不停发出 Ping Packet 到用户的计算机,我们通常用一个名为_____的程序来找到凶手。

    A. msconfig   B. net stat   C. netmeeting   D. 以上都不对

6. 在以下人为的恶意攻击行为中,属于主动攻击的是_____。

    A. 数据篡改及破坏   B. 数据窃听   C. 数据流分析   D. 非法访问

7. 数据完整性指的是_____。

    A. 保护网络中各系统之间交换的数据,防止因数据被截获而造成泄密

    B. 提供连接实体身份的鉴别

    C. 防止非法实体对用户的主动攻击,保证数据接收方收到的信息与发送方发送的信息完全一致

    D. 确保数据是由合法实体发出的

8. SSL 指的是_____。

    A. 加密认证协议   B. 安全套接层协议   C. 授权认证协议   D. 安全通道协议

9. CA 指的是_____。

    A. 证书授权   B. 加密认证   C. 虚拟专用网   D. 安全套接层

10. 以下关于计算机病毒的特征说法正确的是_____。

    A. 计算机病毒只具有破坏性,没有其他特征

    B. 计算机病毒具有破坏性,不具有传染性

    C. 破坏性和传染性是计算机病毒的两大主要特征

    D. 计算机病毒只具有传染性,不具有破坏性

11. 以下关于宏病毒的说法正确的是_____。

    A. 宏病毒主要感染可执行文件

    B. 宏病毒仅向办公自动化程序编制的文档进行传染

    C. 宏病毒主要感染软盘、硬盘的引导扇区或主引导扇区

    D. CIH 病毒属于宏病毒

三、简答题

网络攻击和防御分别包括哪些内容?

第8章　网络服务器的安装与配置

本章学习目标

- 理解网络操作系统的特点及作用
- 了解网络操作系统的体系结构及工作模式
- 掌握主要的网络操作系统的特性及应用服务器的配置

8.1　网络操作系统概述

网络操作系统在过去实际上往往是在原机器的操作系统之上附加上具有实现网络访问功能的模块。在网络上的计算机由于各机器的硬件特性不同、数据标识格式及其他方面要求的不同,在实现数据传输及资源共享时为能正确进行通信并相互理解内容,相互之间应具有许多约定,此约定称为协议或规程。因此通常将网络操作系统(Network Operating System,NOS)定义为使网络上各计算机能方便而有效地共享网络资源,为网络用户提供所需的各种服务的软件和有关规程的集合。

1. 网络操作系统基本功能

网络操作系统具有通常操作系统应具有的处理机管理、存储器管理、设备管理和文件管理等功能,另外还提供高效、可靠的网络通信能力以及多种网络服务功能,如远程作业录入并进行处理的服务功能;文件传输服务功能;电子邮件服务功能;远程打印服务功能等。网络操作系统的基本功能包括:网络通信、资源管理、网络服务、网络管理、提供网络接口。总之,网络操作系统要保证能够提供用户所需要的资源以及对资源的操作、使用,并且能对网络资源进行完善的管理,包括对用户使用权限的管理,保证在一个开放、无序的网络里,数据能够有效、可靠、安全地被用户使用。

2. 网络操作系统基本功能

网络操作系统具有操作系统的基本特征,如并发性,包括多任务、多进程;共享性,包括资源的互斥,同时访问;虚拟性,把一个物理上的对象变成多个逻辑意义上的对象。除此之外,网络操作系统还具有硬件独立性、网络特性、高安全性、可移植性和可集成性特征。

8.2　Windows 网络操作系统

Windows NT 分为单机操作系统 Windows NT Workstations 和服务器版操作系统 Windows NT Server 两种。运用 Windows NT 组建网络比较简单,很适合于普通用户使用。

Windows 2003 加了许多新的功能,在可靠性、可操作性、安全性和网络功能等方面都得到了加强。Windows 2003 特别注意了对系统稳定性的改进,对最新的硬件和设备都有良好的支持。在网络方面,更加有效地简化了网络用户和资源的管理,使用户可以更容易使用网络中的资源。它在活动目录服务基础上建立了一套全方位的分布式服务。其中,VPN 支持、集成式终端服务、IIS 服务都是吸引使用者目光的焦点。选用 Windows 2003 作为网络操作系统的好处是:图形用户界面使用方便;几经改进的 Windows 2003 功能强大,对各种应用软件都能提供良好支持,兼容性好;使用范围广,能够获得较好的技术支持和资源,是中小型局域网的很好选择。

8.3　UNIX 网络操作系统

UNIX 是 20 世纪 70 年代初出现的一个操作系统,除了作为网络操作系统之外,还可以作为单机操作系统使用。UNIX 作为一种开发平台和台式机操作系统获得了广泛使用,目前主要用于工程应用和科学计算等领域。UNIX 虽然具有许多其他操作系统所不具备的优势,如工作环境稳定、系统的安全性好等,但是其安装和维护对普通用户来说比较困难。

8.4　Linux 网络操作系统

Linux 最初是由芬兰赫尔辛基大学的一位大学生(Linus Benedict Torvalds)于 1991 年 8 月开发的一个免费的操作系统,是一个类似于 UNIX 的操作系统。Linux 许多组成部分的源代码是完全开放的,任何人都可以通过 Internet 得到、开发并发布。

8.5　计算机网络应用模式

从在网络中的服务角度、承担的功能两方面来看,计算机网络应用模式(即网络操作系统的工作模式)有以下三种。

1. 对等式网络

对等式网络又称为 P2P(Peer to Peer)网络。它是一种分布式网络结构,在这种网络结构中所有节点都是对等的,各节点具有相同的责任与能力并协同完成任务。P2P 网络是一种开放的、不受限制的网络,网络中节点的加入和离开是自由的。各节点既可以充当服务器,为其他节点提供服务,同时也享受其他节点提供的服务。对等式网络的网络结构相对比较简单,最简单的对等式网络就是使用双绞线直接相接的两台计算机。

对等网除了共享文件之外,还可以共享打印机及其他网络设备。因为对等网络不需要专门的服务器来支持网络,也不需要其他组件来提高网络的性能,因而对等网络的价格相对其他模式的网络来说要便宜很多。当然它的缺点也是很明显的,那就是提供较少的服务功能,并且难以确定文件的位置,使得整个网络难以管理。

2. 文件服务器模式

文件服务器模式是通过若干台工作站与一台或多台文件服务器通信线路连接起来,存取服务器文件,共享存储设备的工作模式。在这种模式下,数据的共享大多是以文件形式通过对文件的加锁、解锁来实施控制的。各用户之间的文件共享只能依次进行,不能对相同的数据做同时更新。文件服务器的功能有限,它只是简单地将文件在网络中传来传去,增加了大量的不必要的网络流量。当数据库系统和其他复杂而又被不断增加的用户使用的应用系统到来的时候,服务器已经不能承担这样的任务了,因为随着用户的增多,为每个用户服务的程序也会相应增多,每个程序都是独立运行的大文件,给用户的感觉是极慢的,因此产生了客户/服务器模式。

3. 客户/服务器模式

作为文件服务器模式的发展,在网络中通常采用客户/服务器(Client/Server,C/S)模式。Server 是提供服务的逻辑进程,可以是一个进程,也可以是由多个分布进程所组成。向 Server 请求服务的进程称为该服务的 Client。Client 和 Server 可以在同一个机器上,也可以在不同的机器上。一个 Server 可以同时又是另一个 Server 的 Client,并向后者请求服务。通常其中一台或几台较大的计算机集中进行共享数据库的管理和存取,而将其他的应用处理工作分散到网络中的其他计算机上去做,构成分布式的处理系统,服务器控制管理数据的能力已由文件管理方式上升为数据库管理方式。因此,客户/服务器模式中的服务器也称为数据库服务器,注重于数据定义、存取安全备份及还原,并发控制及事务管理,执行诸如选择检索和索引排序等数据库管理功能。它有足够的能力做到把通过其处理后用户所需的那一部分数据而不是整个文件通过网络传送到客户机,减轻了网络的传输负担。

浏览/服务器(Browser/Server,B/S)是一种特殊形式的客户/服务器模式,在这种模式中,客户端为一种特殊的专用软件——浏览器。这种模式下由于对客户端的要求很少,不需要另外安装附件软件,在通用性和易维护性上具有突出的优点。这也是目前各种网络应用提供基于 Web 的管理模式的原因。在浏览/服务器模式中,往往在浏览器和服务器之间加入中间件,构成浏览器-中间件-服务器结构。

8.6 域名系统

域名系统(Domain Name System,DNS)是因特网的一项核心服务,同时是 Internet 上解决网上机器命名的一种系统,它作为可以将域名和 IP 地址相互映射的一个分布式数据库,能够使人更方便地访问互联网,而不用去记住能够被机器直接读取的 IP 地址。

8.7 WWW 服务

WWW 是 World Wide Web(全球网)的缩写,是 Internet 的重要组件之一,简称为"Web",中文称为"万维网",它分为 Web 客户端和 Web 服务器程序。

WWW 可以让 Web 客户端(常用浏览器)访问浏览 Web 服务器上的页面,是一个由许多互相链接的超文本组成的系统,通过互联网访问。在这个系统中,每个有用的事物,称为一样"资源";并且由一个全局"统一资源标识符"(URI)标识;这些资源通过超文本传输协议(Hypertext Transfer Protocol)传送给用户,而后者通过单击链接来获得资源。

8.8 FTP 服务

FTP(File Transfer Protocol,文件传输协议)是 TCP/IP 网络上两台计算机传送文件的协议,FTP 是在 TCP/IP 网络和 Internet 上最早使用的协议之一,它属于网络协议组的应用层。

FTP 是一种文件传输协议,负责将计算机上的数据与服务器数据进行交换,比如要将在计算机中制作的网站程序传到服务器上就需要使用 FTP 工具,将数据从计算机传送到服务器。所以,FTP 服务器是以在网络中传输文件为目的的。

8.9 电子邮件系统

电子邮件系统(Electronic Mail System,E-mail)是 Internet 应用最广的服务,它由邮件用户代理(Mail User Agent,MUA)以及邮件传输代理(Mail Transfer Agent,MTA),邮件投递代理(Mail Delivery Agent,MDA)组成。MUA 指用于收发 Mail 的程序,MTA 指将来自 MUA 的信件转发给指定用户的程序,MDA 就是将 MTA 接收的信件依照信件的流向(送到哪里)将该信件放置到本机账户下的邮件文件中(收件箱),当用户从 MUA 中发送一份邮件时,该邮件会被发送到 MTA,而后在一系列 MTA 中转发,直到它到达最终发送目标为止。

8.10 远程登录服务

通常我们说的远程登录服务是通过 Telnet 来完成的。Telnet 协议是 TCP/IP 协议族中的一员,是 Internet 远程登录服务的标准协议和主要方式。它为用户提供了在本地计算机上完成远程主机工作的能力。

在终端使用者的计算机上使用 Telnet 程序,用它连接到服务器。终端使用者可以在 Telnet 程序中输入命令,这些命令会在服务器上运行,就像直接在服务器的控制台上输入一样,可以在本地控制服务器。要开始一个 Telnet 会话,必须输入用户名和密码来登录服务器。Telnet 是常用的远程控制 Web 服务器的方法。

8.11 实 验 任 务

8.11.1 任务 1 安装 Windows Server 2003

下面将简要介绍 Windows Server 2003 的安装过程。

(1) 将计算机的 BIOS 设置为从 CD-ROM 启动。

(2) 插入 Windows Server 2003 光盘,保存 BIOS 设置,然后重新启动计算机。若硬盘内已安装了其他操作系统,则屏幕上会出现"press any key to boot from CD-ROM"类似信息,此时请立即按任意键,以便从光盘启动安装程序,否则会启动已安装的操作系统。

(3) 屏幕上端出现"setup is inspecting your computer's hardware configurarionn…"信息时,表示安装程序正在检测计算机内的硬件设备。

(4) 出现如图 8.1 所示窗口时,安装程序会将 Windows Server 2003 核心程序、安装时所需的部分文件等加载到计算机内存中,然后检测计算机内有哪些大容量存储设备。所谓的大容量存储设备,就是指光驱、SCSI 接口或 IDE 接口的硬盘等。

图 8.1　准备安装设置一般硬件

（5）出现如图 8.2 所示安装、修复、快速安装窗口时，有以下三个选项：要现在安装 Windows，请按 Enter 键；要用"恢复控制台"修复 Windows 安装，请按 R；要退出安装程序，不安装 Windows，请按 F3。在这里，按 Enter 键，继续安装。

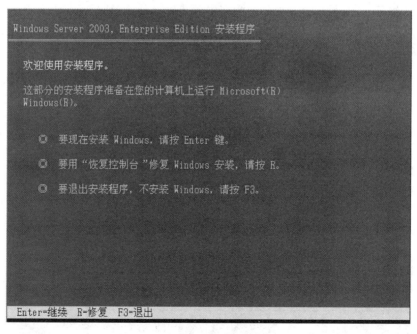

图 8.2　安装、修复、快速安装

网络服务器的安装与配置

（6）出现如图 8.3 所示"Windows 授权协议"窗口时，可以按 Page Down 按钮阅读协议的内容。如果同意，请按 F8 键继续安装，按 Esc 键退出安装。

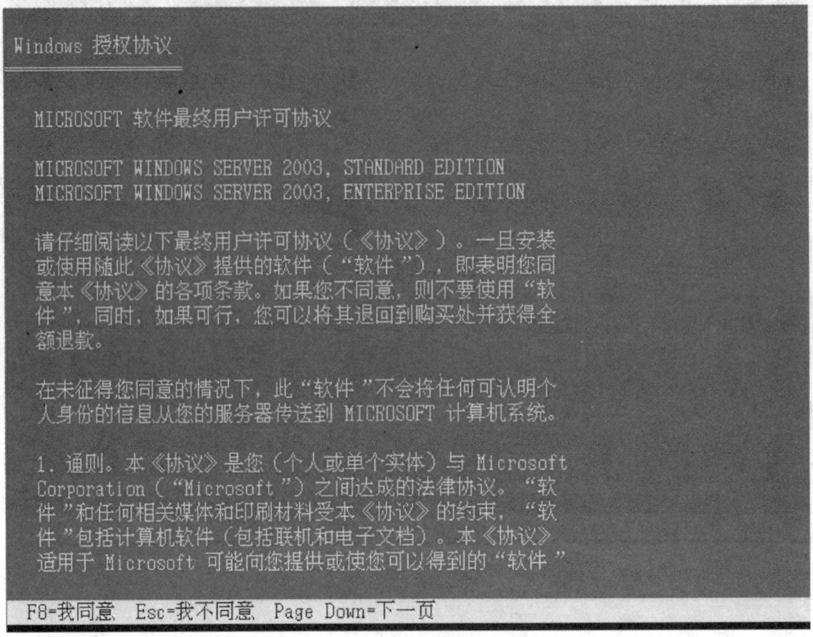

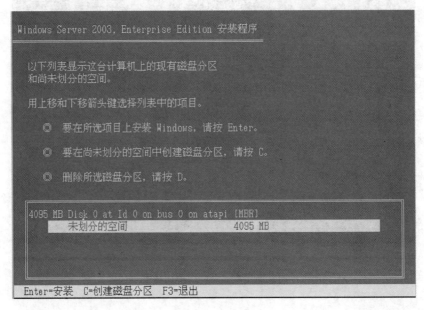

图 8.3　协议书

（7）出现如图 8.4 所示"磁盘分区"窗口，有以下三个选项：要在所选项目上安装 Windows，请按 Enter；要在尚未划分的空间中创建磁盘分区，请按 C；删除所选磁盘分区，请按 D。划分与选定好要安装 Windows 2003 的磁盘后，按 Enter 键以便将 Windows 2003 安装到这个磁盘分区内。

图 8.4　对硬盘进行分区

（8）接着为文件系统选择格式，如图 8.5 所示选择该磁盘文件系统格式（推荐选择"用
NTFS 文件系统格式化磁盘分区）"，然后按 Enter 键以便对其格式化。

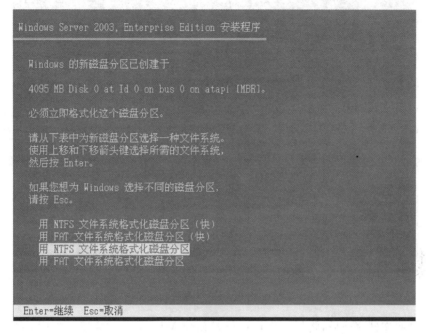

图 8.5　为新磁盘选择文件系统

（9）出现如图 8.6 所示窗口，安装程序开始格式化硬盘。格式化完成后，安装程序会将
安装必需的文件复制到该磁盘分区的 Windows 文件夹中，如图 8.7 所示。

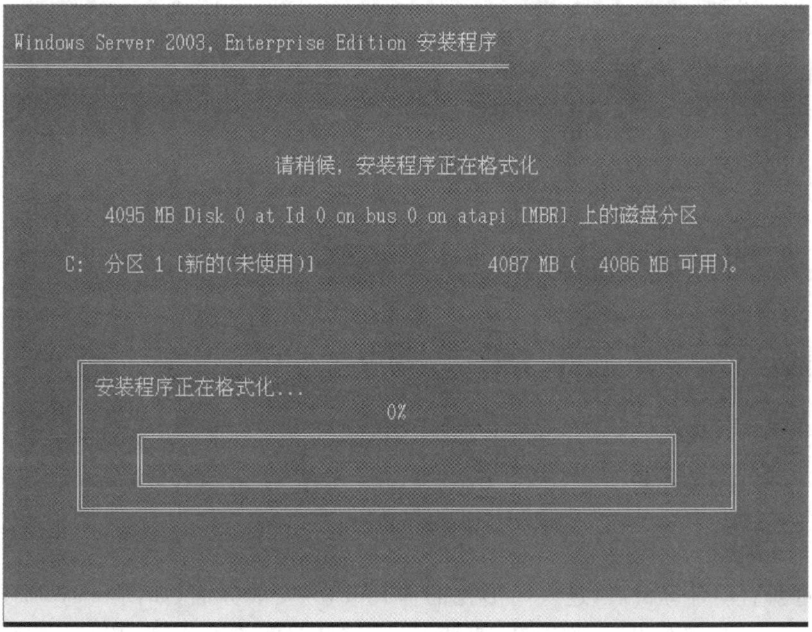

图 8.6　格式化硬盘

第
8
章

网络服务器的安装与配置

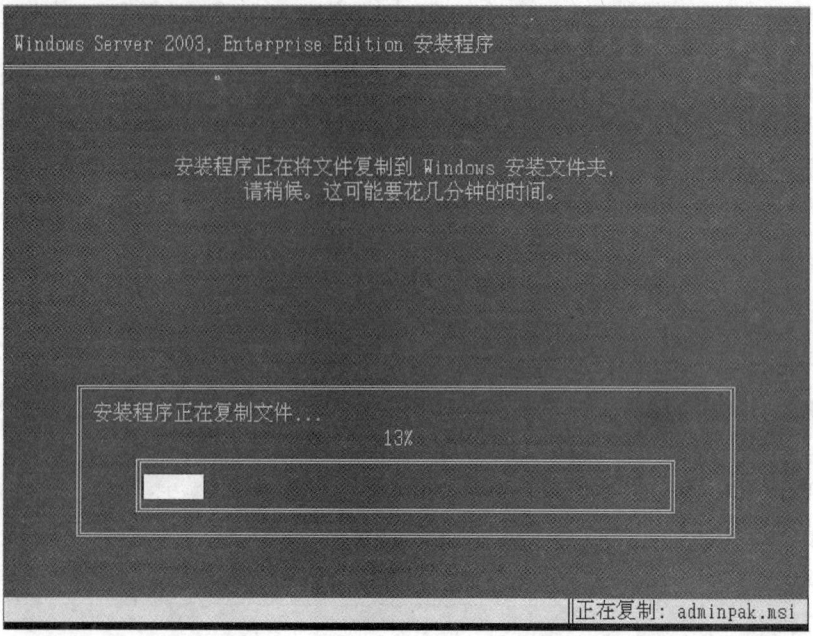

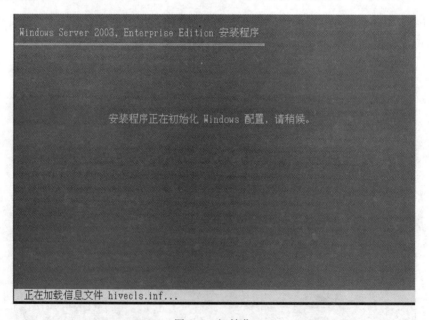

图 8.7　文件复制

（10）复制文件完成后，将提示正在进行初始化 Windows 的配置。如图 8.8 所示并倒计时自动重新启动计算机，也可以按 Enter 键立即启动计算机，如图 8.9 所示。

图 8.8　初始化

（11）重新启动计算机后，进入图形化的 Windows 安装界面，如图 8.10 所示。接着出现全新的 Windows 安装界面，如图 8.11 所示，在安装过程中会出现 Windows Server 2003 的介绍。

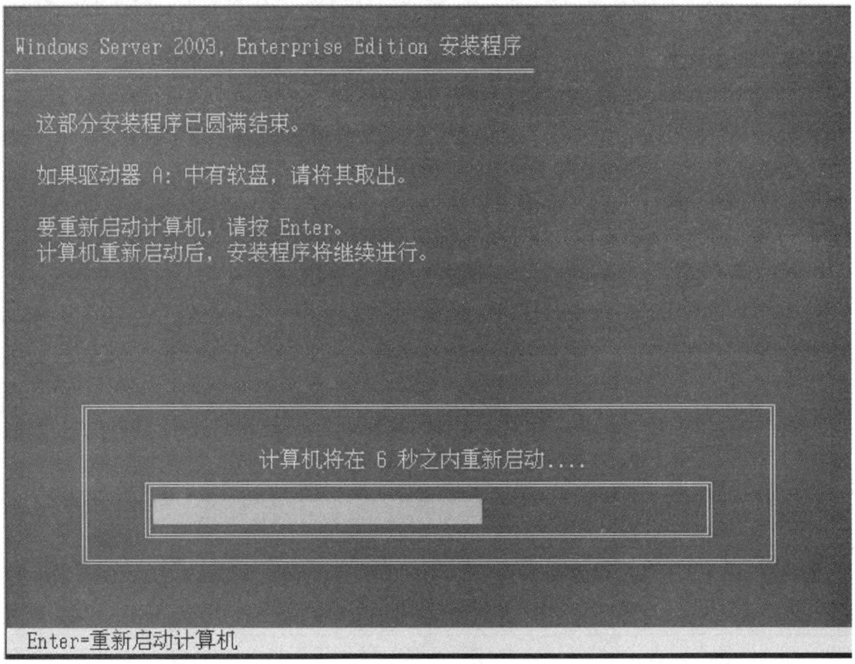

Windows Server 2003, Enterprise Edition 安装程序

这部分安装程序已圆满结束。

如果驱动器 A: 中有软盘,请将其取出。

要重新启动计算机,请按 Enter。
计算机重新启动后,安装程序将继续进行。

计算机将在 6 秒之内重新启动....

Enter=重新启动计算机

图 8.9　自动重启

Copyright © 1985-2003
Microsoft Corporation

Microsoft
Windows Server 2003

图 8.10　Windows Server 2003 的启动画面

网络服务器的安装与配置

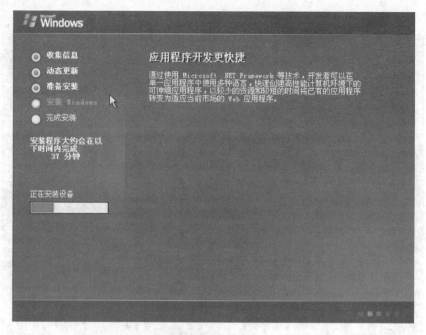

图 8.11　安装设备

（12）等待一段时间后，接着会提示设置区域和语言选项，如图 8.12 所示一般采用默认值，单击"下一步"按钮继续。

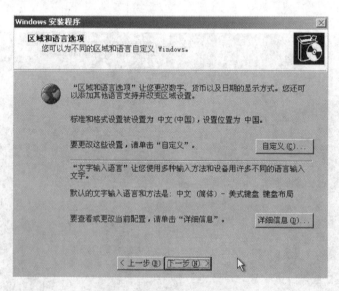

图 8.12　区域和语言设置

（13）出现如图 8.13 所示"自定义软件"对话框时，请输入姓名及公司名称，单击"下一步"按钮继续。

（14）如图 8.14 所示，出现"您的产品密钥"对话框，输入产品密钥。单击"下一步"按钮继续。

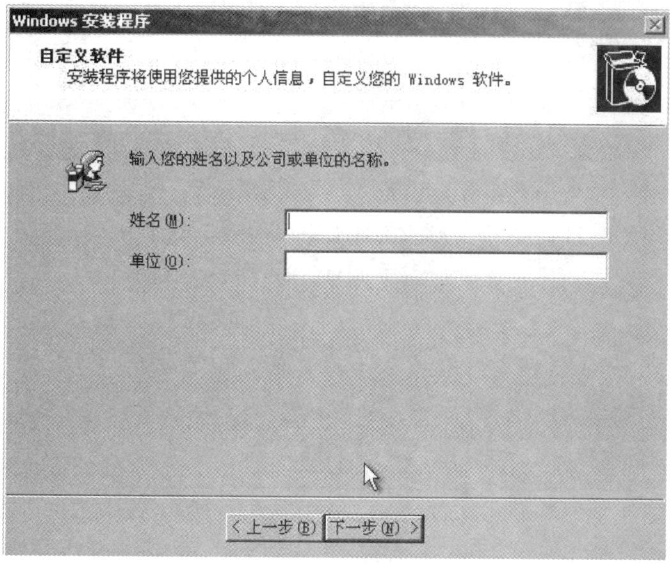

图 8.13　个人、公司信息

图 8.14　输入序列号

（15）出现如图 8.15 所示"授权模式"对话框时，选择合适的授权模式，单击"下一步"按钮继续。

（16）在出现的对话框（如图 8.16 所示）中输入唯一的计算机名称，如 Web-SERVER，以及系统管理员密码。单击"下一步"按钮，如果密码不符合要求，则出现如图 8.17 所示对话框，单击"是"按钮。如果密码符合要求，则出现"日期和时间设置"对话框，采取默认值即可，单击"下一步"按钮。

（17）确定正确的日期和时间。然后单击"下一步"按钮开始安装网络。

网络服务器的安装与配置

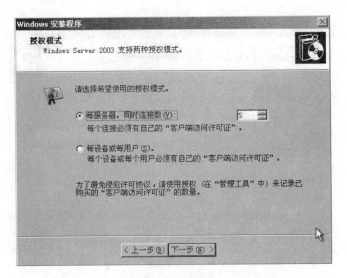

图 8.15　授权模式

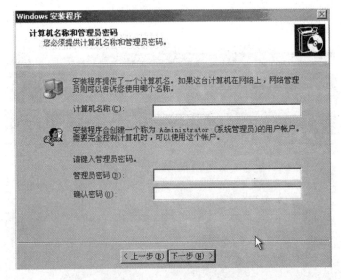

图 8.16　计算机名称和管理员密码

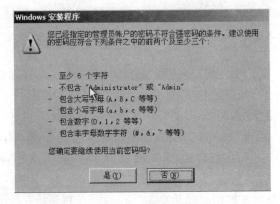

图 8.17　建议密码

（18）经过一段时间后，网络安装完成，出现如图 8.18 所示"网络设置"对话框，选择使用"典型设置"或是"自定义设置"，然后单击"下一步"按钮继续。

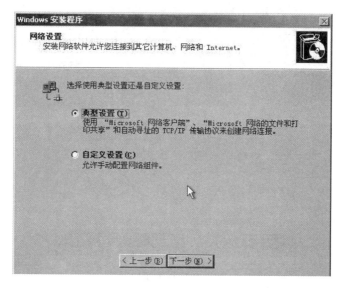

图 8.18　网络设置

（19）出现如图 8.19 所示对话框时，在选择列表中请选择"Internet 协议（TCP/IP）"，然后单击右侧的"属性"按钮。

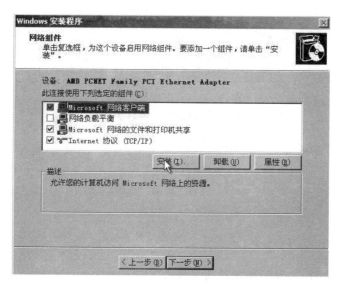

图 8.19　启用网络组件

（20）出现如图 8.20 所示"Internet 协议（TCP/IP）属性"对话框时，选择"使用下面的IP 地址"，输入 IP 地址、子网掩码、默认网关及 DNS 服务器地址，单击"确定"按钮继续。

（21）出现如图 8.21 所示"工作组或计算机域"对话框，询问是否将这台计算机加入域（建议选择"不，计算机不在网络上，或者在没有域的网络上"），单击"下一步"按钮，计算机开始复制网络组件文件。

网络服务器的安装与配置

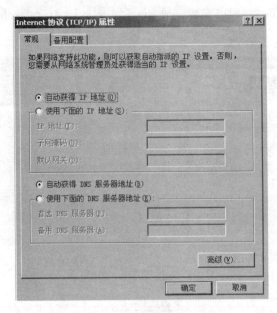

图 8.20　TCP/IP 属性

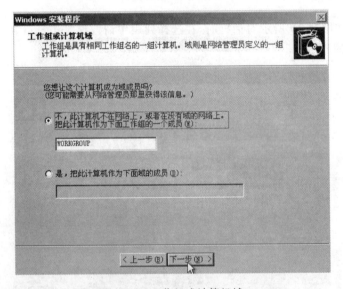

图 8.21　工作组或计算机域

（22）复制完文件后，安装程序继续完成下面的安装任务，如图 8.22 所示，并且会在安装完成后自动重新启动计算机，就可以登录系统了。

（23）当屏幕上显示如图 8.23 所示请按 Ctrl＋Alt＋Delete 开始对话框时，按 Ctrl＋Alt＋Del 组合键。

（24）出现如图 8.24 所示对话框时，输入系统管理员的名称和密码，单击"确定"按钮。

（25）登录完成后，显示"管理您的服务器"窗口，如图 8.25 所示单击右边的"关闭"按钮将其关闭即可。

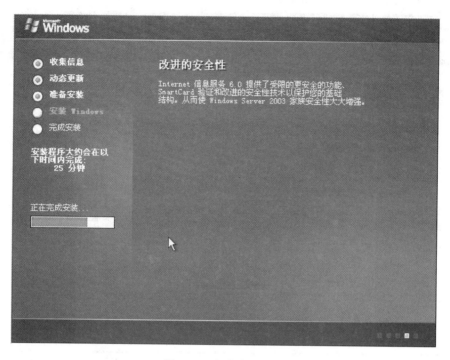

图 8.22　正在完成安装

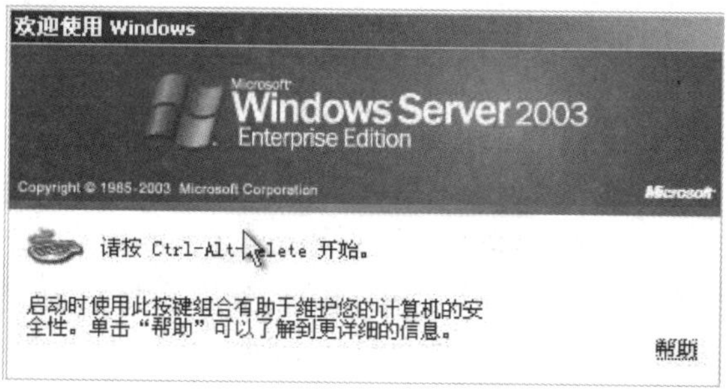

图 8.23　登录

图 8.24　进入系统

网络服务器的安装与配置

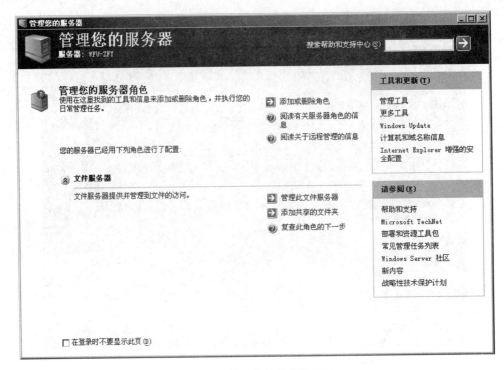

图 8.25　"管理您的服务器"窗口

8.11.2　任务 2　DHCP 服务器配置

操作步骤如下。

(1) 选择 Windows Server 2003 服务器,单击"开始",指向"控制面板",然后单击"添加或删除程序"。在"添加或删除程序"对话框中,单击"添加/删除 Windows 组件"。在"Windows 组件向导"中,单击组件列表中的网络服务,然后单击详细信息。在网络服务对话框中,单击以选中"动态主机配置协议(DHCP)"复选框,然后单击"确定"按钮,如图 8.26 所示。

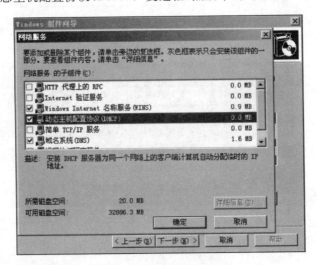

图 8.26　配置 DHCP 服务

出现放入安装光盘文件的提示时,将 Windows Server 2003 CD-ROM 插入计算机的 CD-ROM 或者 DVD-ROM 驱动器,也可在虚拟机软件的 VM 菜单下单击 Settings,在 Hardware 里单击 CD-ROM,选中右侧的 Use ISO Image,单击 Browse 按钮,找到 Windows Server 2003 光盘镜像文件,确认就可安装 DHCP 服务组件了。完成安装后,单击"完成"按钮。

（2）DHCP 服务器的配置。

安装好 DHCP 服务并启动后,必须创建一个作用域,该作用域是可供网络中的 DHCP 客户端租用的有效 IP 地址的范围。

① 单击"开始"|"程序"|"管理工具"|DHCP。在控制台树中,右击要在其上创建新 DHCP 作用域的 DHCP 服务器,然后单击"新建作用域",如图 8.27 所示。

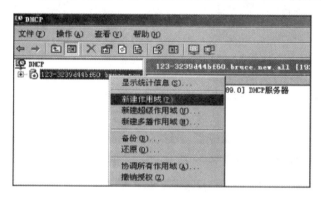

图 8.27 新建作用域

② 在"新建作用域向导"中,单击"下一步"按钮,然后输入该作用域的名称及说明,如图 8.28 所示。

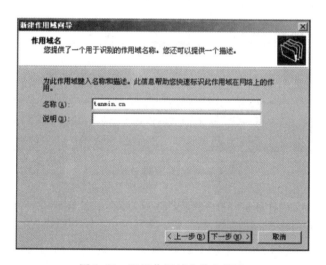

图 8.28 配置作用域名称和描述

③ 输入可作为该作用域的一部分租用的地址范围（例如,可使用这样的 IP 地址范围:起始 IP 地址为 192.168.1.1,结束地址为 192.168.1.254）,如图 8.29 所示。

网络服务器的安装与配置

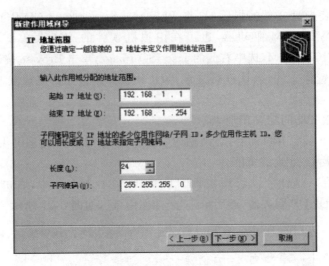

图 8.29　配置 IP 地址范围

④ 单击"下一步"按钮,在弹出的对话框中输入要从所输入范围中排除的任何 IP 地址。这包括步骤③中说明的地址范围中已静态分配给组织中各个计算机的所有地址。

通常情况下,域控制器、Web 服务器、DHCP 服务器、域名系统(DNS)服务器和其他服务器均已静态分配了 IP 地址,如图 8.30 所示,单击"下一步"按钮。

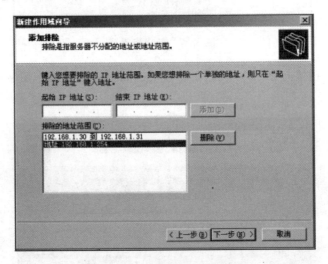

图 8.30　配置 IP 地址排除范围

⑤ 输入该作用域的 IP 地址租用到期之前的天数、小时数和分钟数。这将确定客户端可持有租用地址而不用续租的时间长短。

⑥ 单击"下一步"按钮,在弹出的对话框中输入默认网关的 IP 地址,从作用域获得 IP 地址的客户端将使用此 IP 地址作为默认的转发路由器。

⑦ 如果在网络中使用 DNS 服务器,则在"父域"框中输入用户的组织的域名。输入 DNS 服务器的名称,然后单击"解析"按钮,以确保 DHCP 服务器能与 DNS 服务器联系并确定其地址。单击"下一步"按钮。

⑧ 在弹出的对话框中激活该作用域并允许客户端从该作用域获得租用,然后单击"下一步"按钮,配置完成。

⑨ 在控制台树中,单击该服务器名称,然后单击"操作"菜单上的"授权"。

⑩ 重新启动 DHCP 服务(单击"开始",然后单击"运行",输入"cmd",输入"net start dhcpserver",按回车键)。DHCP 服务器就可为网络中的自动获得 IP 地址的计算机分配 IP 地址了。

实验注意事项:一定要先给 Windows 2003 的网卡设定好静态 IP 地址,DHCP 设定的地址段要与 Windows 2003 的 IP 位于同一网段,但不能重叠。配置 DHCP 后,要"激活作用域",如果在配置 DHCP 服务器的最后一个选项,选择"是,我想现在配置这些选项",那么就可以配置 DHCP 客户端(即运行 Windows XP 的机器)能够获得"默认网关""DNS 服务器"等信息。"默认网关"就是本机的"默认路由"(当数据包不能直接发送给对方时,就把数据包发送给"默认网关"结点,"默认网关"就相当于"默认路由器")。

8.11.3 任务3 DNS 服务器配置

操作步骤如下。

(1) 选择 Windows Server 2003 服务器,单击"开始",运行"控制面板"中的"添加/删除程序"选项,选择"添加/删除 Windows 组件",出现如图 8.31 所示对话框。

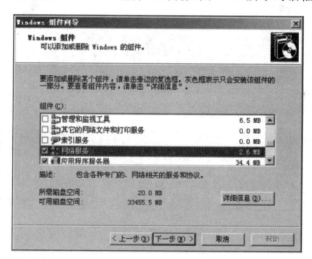

图 8.31 添加网络服务组件

选择"网络服务"复选框,并单击"详细信息"按钮,在出现的"网络服务"对话框中,选择"域名系统(DNS)",单击"确定"按钮,系统开始自动安装相应服务程序。出现放入安装光盘文件的提示时,将 Windows Server 2003 CD-ROM 插入计算机的 CD-ROM 或者 DVD-ROM 驱动器,也可在虚拟机软件的 VM 菜单下单击 Settings,在 Hardware 里单击 CD-ROM,选中右侧的 Use ISO Image,单击 Browse 按钮找到 Windows Server 2003 光盘镜像文件,确认就可安装 DNS 服务组件了。

(2) DNS 服务器的配置。

完成安装后,在"开始"|"程序"|"管理工具"应用程序组中会多一个 DNS 选项,使用它

网络服务器的安装与配置

进行 DNS 服务器管理与设置。

① 添加正向搜索区域。在创建新的区域之前，首先检查一下 DNS 服务器的设置，确认已将"IP 地址""主机名""域"分配给了 DNS 服务器。检查完 DNS 的设置，按如下步骤创建新的区域。

a. 选择"开始"|"程序"|"管理工具"|DNS，打开 DNS 管理窗口。

b. 选取要创建区域的 DNS 服务器，右击"正向搜索区域"选择"新建区域"。

c. Windows 2003 的 DNS 服务器支持三种区域类型：主要区域，该区域存放此区域内所有主机数据的正本；辅助区域，该区域存放区域内所有主机数据的副本；ActiveDirectory 集成的区域，该区域主机数据存放在域控制器的 Active Directory 内，这份数据会自动复制到其他的域控制器内。

d. 在出现的对话框中选择要建立的区域类型，这里选择"主要区域"，单击"下一步"按钮，注意只有在域控制器的 DNS 服务器才可以选择"Active Directory 集成的区域"。

e. 出现"区域名称"对话框如图 8.32 所示，输入新建主区域的区域名，例如"tanmin. cn"，然后单击"下一步"按钮，文本框中会自动显示默认的区域文件名。如果不接受默认的名字，也可以输入不同的名称。

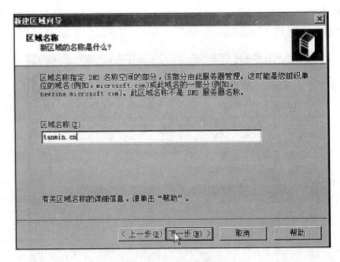

图 8.32 区域名称

f. 在出现的对话框中单击"完成"按钮，结束区域添加。新创建的主区域显示在所属 DNS 服务器的列表中。

② 添加 DNS 记录。创建新的主区域后，"域服务管理器"会自动创建起始机构授权、名称服务器、主机等记录。除此之外，DNS 数据库还包含其他的资源记录，用户可自行向主区域中添加各服务器域名地址和相应的 IP 地址的列表，如图 8.33 所示。

（3）设置转发器。DNS 负责本网络区域的域名解析，对于非本网络的域名，可以通过上级 DNS 解析。通过设置"转发器"，将自己无法解析的名称转到下一个 DNS 服务器。设置方法为选中"DNS 管理器"，右击，选择"属性"|"转发器"，在弹出的对话框中添加上级 DNS 服务器的 IP 地址即可。

图 8.33　区域列表

本网用户向 DNS 服务器请求的地址解析,若本服务器数据库中没有,转发给 192.168.184.2
解析,如图 8.34 所示。

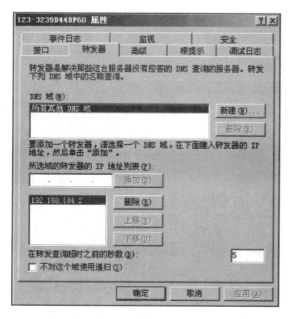

图 8.34　设置转发器

8.11.4　任务4　Web 服务器配置

(1) IIS 的安装。运行控制面板中的"添加或删除程序",单击"添加/删除 Windows 组
件"。选择"应用程序服务",单击"详细信息"选择"Internet 信息服务(IIS)",单击"详细信
息"选择"万维网服务",如图 8.35 所示,单击"确定"按钮。单击"下一步"按钮系统自动安装
组件,出现放入安装光盘文件的提示时,可以使用 Windows 2003 光盘镜像文件,设置好镜

像文件的位置,确认就可安装 IIS 服务组件了。完成安装后,系统在控制面板的管理工具中,添加一项"Internet 服务管理器"。

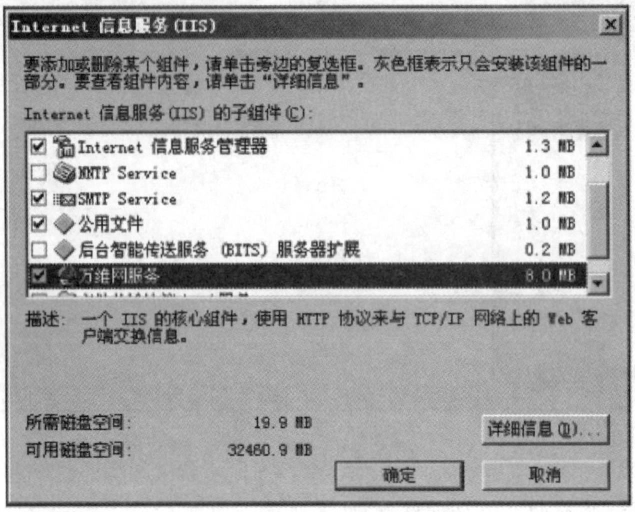

图 8.35　添加万维网服务

（2）Web 站点的配置。在"Internet 信息服务"窗口中选择要进行配置的站点,右击选择"属性"命令,打开该站点的"属性"对话框,如图 8.36 所示。在"网站"选项卡中可重新设置标识参数、连接、启用日志记录等。

图 8.36　站点的属性

在"主目录"选项卡中可设置 Web 站点文件的存放主目录,内容的访问权限以及应用程序在此站点的执行许可等。在"文档"选项卡中,可设置启动默认文档,默认文档可以是 HTML 文件或 ASP 文件,是站点的主页,如 default.htm、default.asp 和 index.htm 等。

Web 站点使用步骤如下。

① 将制作好的站点的所有文件复制到站点对应主目录。

② 设置启动默认文档。

完成这两个步骤后,打开本机或客户机浏览器,在地址栏中输入站点的 URL,浏览站点,测试 Web 服务器是否安装成功,WWW 服务是否运行正常。

站点开始运行后,如果要维护系统或更新网站数据,可以暂停或停止站点的运行,完成上述工作后,再重新启动站点。

8.11.5　任务5　FTP 服务器配置

操作步骤如下。

1. FTP 服务器的安装

因为 FTP 依赖于 Internet 信息服务(IIS),所以必须先确保已安装了 IIS,在安装 IIS 之后,FTP 服务器的安装如下所示。

(1) 单击"开始",指向"设置",然后单击"控制面板",在"控制面板"中,双击"添加/删除程序",并选择"添加/删除 Windows 组件"。

(2) 在"Windows 组件向导"中,选择"应用程序服务器",单击"详细信息"按钮,在弹出的窗口中选择"Internet 信息服务(IIS)",然后单击"详细信息"按钮,如图 8.37 所示。

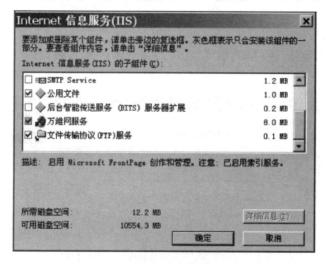

图 8.37　添加删除程序

(3) 选择公用文件、文档、文件传输协议(FTP)服务和 Internet 信息服务管理单元,然后单击"确定"按钮。

(4) 如果提示配置终端服务,则单击"下一步"按钮。

(5) 如果提示输入 FTP 根文件夹的路径,则输入适合的文件夹路径。默认路径为 C:\\Inetpub\\Ftproot。若要获得更多的安全性,推荐使用 NTFS,单击"确定"按钮以继续。

(6) 得到提示时,插入 Windows 2003 CD 或提供这些文件所在位置的路径,然后单击"确定"按钮。

(7) 单击"完成"按钮,完成安装。

2. FTP 服务器配置

（1）依次单击"开始"|"控制面板"|"管理工具"|"Internet 服务管理器"，在打开的窗口中单击服务器名称旁边的"＋"，显示"默认 FTP 站点"图标，在打开的菜单中选择"新建"|"站点"命令，新建一个 FTP 站点。在"FTP 站点创建向导"对话框中单击"下一步"按钮，开始新站点的建立（见图 8.38）。

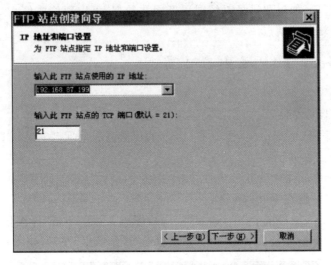

图 8.38 "FTP 站点创建向导"对话框

（2）在输入"IP 地址"和"TCP 端口"之后，单击"下一步"按钮，打开进行 FTP 站点主目录的设置，如图 8.39 所示。

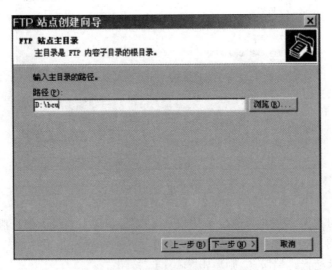

图 8.39 "FTP 站点主目录"对话框

（3）单击"下一步"按钮，进行站点访问权限的设置。

（4）FTP 站点建立后还需要进行相关的设置，在 IIS 控制台中右击 FTP 站点，再选择"属性"可进行设置，如图 8.40 所示。可以分别对 FTP 站点的"标识""连接"和"启用日志记录"等属性进行配置。

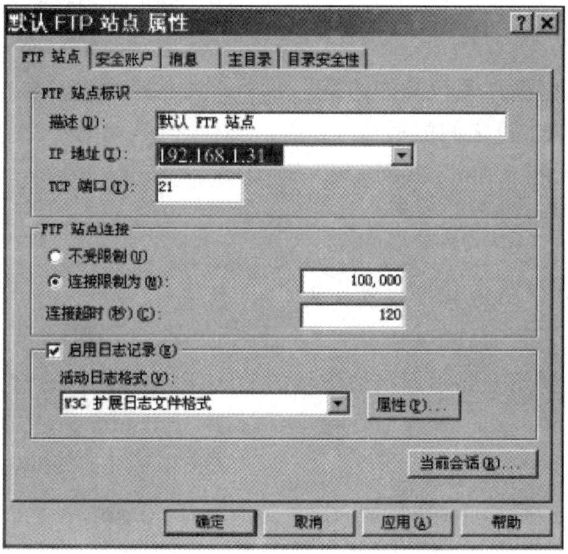

图 8.40　FTP 站点属性设置

（5）选择"安全账户"选项卡后，可对匿名账号和 FTP 站点操作员等属性进行配置。并可为 FTP 服务器建立一个安全的专用 FTP 账号。

通常有三种方式访问 FTP 站点：一是命令；二是 Web 浏览器；三是 FTP 客户端软件。这三种方法都可以实现浏览、下载和上传文件，但是后两种方式简单方便，最为常用。

习　　题

一、填空题

1. 网络服务器根据应用层次或规模档次可划分为_____、_____和_____。

2. 列出 5 种 Windows Server 2003 常用的网络服务：_____、_____、_____、_____和_____。

3. Administrator 是操作系统中最重要的用户账户，通常称为超级用户，它属于系统中的_____。

4. Windows Server 2003 中用户分为 3 种，分别是_____、_____和_____。

5. 用户账户的密码最长是_____个字符。

6. Windows Server 2003 支持的文件系统有_____、_____和_____。

7. DHCP 提供_____、_____和_____等 3 种地址分配机制。

二、选择题

1. UNIX 操作系统是一种_____。

　　A. 单用户多进程系统　　　　　　　　B. 多用户单进程系统

　　C. 单用户单进程系统　　　　　　　　D. 多用户多进程系统

2. 允许在一台主机上同时连接多台终端，多个用户可以通过各自的终端同时交互地使用计算机的操作系统是_____。

    A. 网络操作系统   B. 分布式操作系统

    C. 分时操作系统   D. 实时操作系统

3. 下面不属于网络操作系统功能的是_____。

    A. 支持主机与主机之间的通信

    B. 各主机之间相互协作,共同完成一个任务

    C. 提供多种网络服务

    D. 网络资源共享

4. Windows Server 2003 标准版支持的 CPU 数量_____。

    A. 4   B. 6   C. 8   D. 12

5. 下列哪个命令是用来显示网络适配器的 DHCP 类别信息的? _____

    A. Ipconfig /all   B. Ipconfig /release

    C. Ipconfig /renew   D. Ipconfig /showclassid

6. 下列对用户组的叙述正确的是_____。

    A. 组是用户的最高管理单位,它可以限制用户的登录

    B. 组是用来代表具有相同性质用户的集合

    C. 组是用来逐一给每个用户授予使用权限的方法

    D. 组是用户的集合,它不可以包含组

7. 当一个 DHCP 客户机租用的 IP 地址期限超过了租约的_____时,DHCP 客户机会自动向为其提供 IP 地址的 DHCP 服务器发送 DHCPREQUEST 广播数据包,以便要求继续租用原来的 IP 地址。

    A. 30%   B. 50%   C. 70%   D. 90%

8. 当 DNS 服务器收到 DNS 客户机查询 IP 地址的请求后,如果自己无法解析,那么会把这个请求送给_____,继续进行查询。

    A. DHCP 服务器   B. Internet 上的根 DNS 服务器

    C. 邮件服务器   D. 打印服务器

9. 使用"DHCP"服务器的好处是_____。

    A. 增加系统安全与依赖性

    B. 降低 TCP/IP 网络配置的工作量

    C. 对那些经常变动位置的工作站 DHCP 能迅速更新

    D. 以上都是

10. 在 TCP/IP 协议中,FTP 使用的默认两个端口号是_____。

    A. 80,21   B. 23,80   C. 80,8080   D. 20,21

参 考 文 献

[1] 骆焦煌.计算机网络项目化案例教程.北京：清华大学出版社,2013.

[2] 尚晓航.计算机网络基础.北京：清华大学出版社,2015.

[3] 黄林国.计算机网络技术项目化教程.北京：清华大学出版社,2012.

[4] 朱晓伟,薛魁丽,管朋.计算机网络技术与应用.西安：西北大学出版社,2015.

[5] 袁宗福.计算机网络.北京：机械工业出版社,2013.

图 书 资 源 支 持

感谢您一直以来对清华版图书的支持和爱护。为了配合本书的使用，本书提供配套的资源，有需求的读者请扫描下方的"书圈"微信公众号二维码，在图书专区下载，也可以拨打电话或发送电子邮件咨询。

如果您在使用本书的过程中遇到了什么问题，或者有相关图书出版计划，也请您发邮件告诉我们，以便我们更好地为您服务。

我们的联系方式：

地　　址：北京海淀区双清路学研大厦 A 座 707

邮　　编：100084

电　　话：010－62770175－4604

资源下载：http://www.tup.com.cn

电子邮件：weijj@tup.tsinghua.edu.cn

QQ：883604(请写明您的单位和姓名)

用微信扫一扫右边的二维码，即可关注清华大学出版社公众号"书圈"。

资源下载、样书申请

书圈